U0182883

启真馆 出品

启真 · 闲读馆

[日] 丽丝 · 惠矣 著
[日] 濑尾裕树子 监修
陈圣怡 译

ZHEJIANG UNIVERSITY PRESS
浙江大学出版社

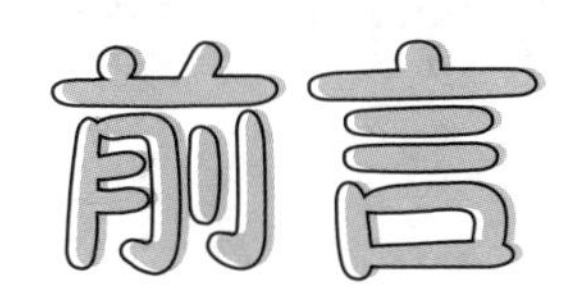

前言

啤酒是我们每天吃饭和应酬席间的良伴。
但你是否察觉到啤酒近几年来的变化呢？

便利商店货架上的啤酒种类越来越多，
应该有不少人都会在忙碌一整天后，
买一罐有点贵的美味啤酒来犒赏自己。

如今“精酿啤酒”已成了民众耳熟能详的名词，
大家也都知道啤酒的种类琳琅满目，
但依然有许多我们不曾听说过的啤酒风格和用语。
如果你是心里想着要多方尝试，
却总是一开口就说“先来杯生啤！”的人，
那就千万不能错过这本书。

话说回来，啤酒是什么时候、在哪里发明的，
又是如何漂洋过海传入日本的呢？
其实，啤酒的历史非常耐人寻味。

只要从用语开始一步步了解这些未知的啤酒知识，
深入啤酒那深奥又奇妙的世界和历史后，你今晚喝的啤酒的滋味肯定也会更加丰富。

丽丝·惠实

本书的阅读方法

“如何看词条”

依序列出啤酒的风格、啤酒厂、材料以及杂学知识等与啤酒相关的内容。

例

❶ STYLE

❷ 老啤酒【アルトビール altbier】

❸ 一种发源自德国的传统艾尔啤酒风格，其中又以杜塞尔多夫酿造的最为知名。“alt”在德语里是“古老”之意，因熟成期较长、历史比拉格啤酒悠久而得名。它属于酒体中等的艾尔啤酒，拥有扎实柔滑的泡沫，并散发出啤酒花的香气，余味也很清爽。

搭配炭烤香肠
特别美味

BREWERY

秋田Aqula啤酒 ❺

【あきたあくらビール】

“Aqula”是位于秋田旧市区中心的小型本地啤酒厂，它以德国的巴伐利亚风格为蓝本，生产各式各样的啤酒。相传秋田美女如云，所以这里的经典款商品正是“秋田美人啤酒”，不仅保留了啤酒花所含的多酚成分，还有护肤的效果。有益身体的啤酒总是受人青睐。

❹ 〒010-0921 秋田县秋田市大町1-2-40
TEL：018-862-1841
www.aqula.co.jp

❶类别

将啤酒风格（STYLE）以及啤酒厂（BREWERY）标示在词语上方，让读者能一目了然。

❷词条（名称）

中文译名或是其原文标记；【】内则附上日文名称或其原文。

❸名词的意义和解说

❹信息

整合店家相关信息与产品咨询。

❺国旗

标示酝酿出相关啤酒风格或啤酒的国家和地区。

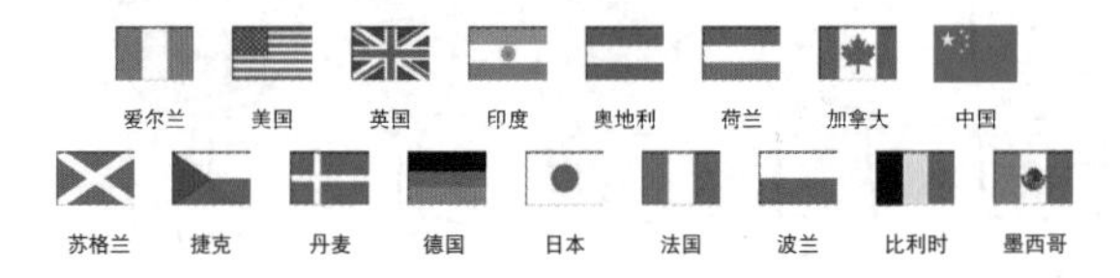

“如何读内容”

可以从目录中找出想查询的啤酒相关条目之页码。

1. 认识啤酒的风格

地域和文化的不同，会酝酿出各式各样的啤酒风格。不妨查询一下自己最想知道的风格。

2. 了解啤酒的历史

孕育、酿造啤酒的背景里，包含了历史的脉动、人类的野心和思想。来看看这些令人意想不到的幕后故事吧。

3. 轻松阅读

可以在上下班的路上、往来于学校的途中又或是休假时，心血来潮翻阅一下这本书。偶然翻开的页面或许会带来意外的惊喜。

4. 深思专栏内容

阅读啤酒专栏，从不同的角度思考关于啤酒的一切。

“如何使用国家和地区索引”

在第 18 页和第 19 页，有按国家和地区分类的啤酒专页，
对世界各地饮用的啤酒进行分类，并整理成索引的形式。
按国家寻找啤酒的种类，也是一种乐趣。

目录 Contents※

啤酒的基础知识

啤酒用语

あ行

※本书词条按其日文原文的五十音顺序排列。

か行

さ行

た行

な行

は行

ま行

や行

ら行

わ行

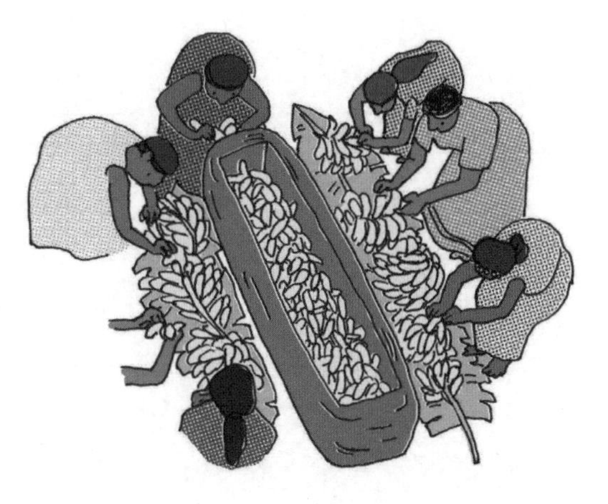

※本书所刊载之啤酒等，部分恐已停产或停止贩卖，敬请知悉。

啤酒的基础知识

图说 简单了解啤酒的历史

小漫画

大约在公元前 6000 年

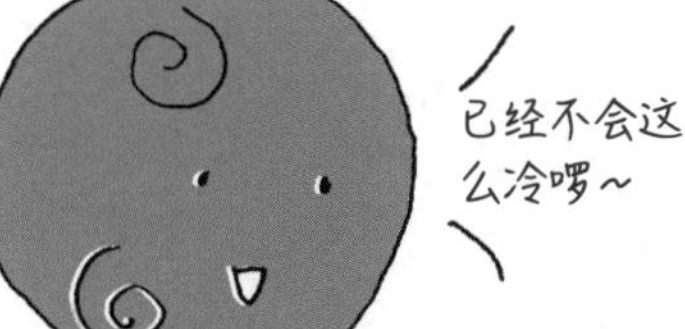

第四冰河期结束，进入了中石器时代。

也因为气候变得暖和，所以人类开始栽种谷物。

在世界文明最古老的发源地，古代美索不达米亚人开始用麦芽制作面包。

结果有一天，这个面包忽然扑通一声掉进水壶里。

过了一阵子，人们喝了水后才发现……

公元前 3000 年，在一块被称作“酿酒纪念碑”的黏土板上，记录了啤酒的酿造方法。

于是，喝啤酒的风气就这么流传开来，还发展出十多个种类。从公元前 1792 年到前 1750 年，在巴比伦国王汉谟拉比所制定的《汉谟拉比法典》中，就刻有啤酒专用的法律。

4 世纪左右，日耳曼人开始大迁徙。

啤酒随着日耳曼民族传遍欧洲。

但是喜好葡萄酒的罗马人却贬低啤酒，称之为“野蛮的酒”。

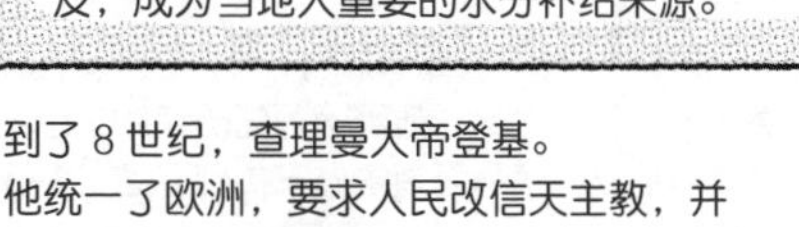

在这个时代，啤酒成为民众生活的一部分，由家家户户的女性负责酿造。

到了 8 世纪，查理曼大帝登基。
他统一了欧洲，要求人民改信天主教，并在各地设立了修道院。

学富五车的修士们不断精进酿造啤酒的技术，提升了啤酒的品质。

具有高营养价值的“液体面包”

啤酒在欧洲的地位也因此水涨船高。

这其实是因为在 8 世纪的时候，啤酒有了一段奇迹般的邂逅！

（虽然以前也发生过不少次了）

在这之前，啤酒都是用香草和香辛料调成的“格鲁特”来增添风味。

啤酒花不仅能增添风味，还能有效杀菌并提高泡沫持久性，是啤酒的最佳拍档。

虽然花了好几个世纪，但用啤酒花酿造的啤酒，依然成功地以巴伐利亚为中心流传到各地（8～13 世纪）。

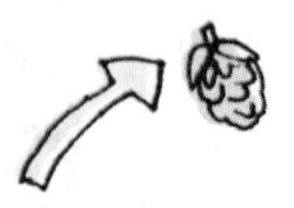

巴伐利亚

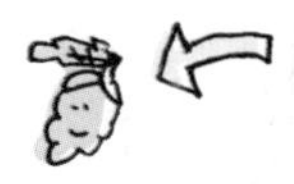

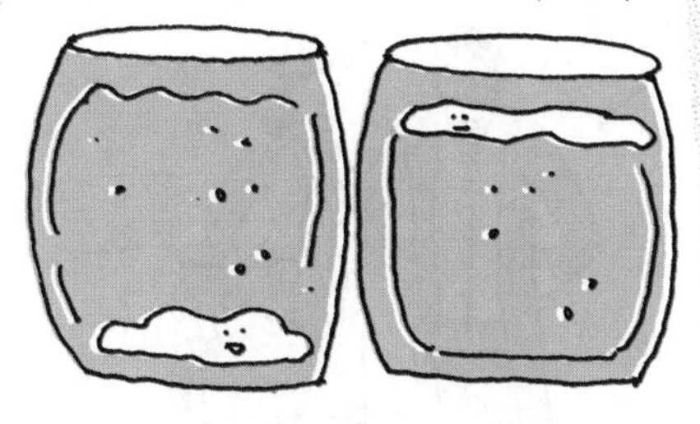

到了 15 世纪，在普遍采用上发酵法制造的啤酒当中，首度出现了下发酵的啤酒（拉格）！

16 世纪，德国颁布了《啤酒纯酿法》。

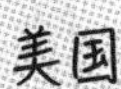

然后到了 15 ～ 17 世纪的大航海时代，啤酒传入了列强殖民地。

在 17 世纪上半叶，荷兰人将啤酒引入了日本。

随着啤酒进出口量的增加，对维持品质、大量生产的技术的需求也应运而生。

18 世纪第一次工业革命时期，成功研发出量产并长期保存啤酒以及培养酵母的技术。

19 世纪中叶，在捷克出现了一种名为“皮尔森”的拉格啤酒（下发酵），转眼间便流传至全世界。

日本开国，发起明治维新，开始陆续引进西洋文化。

1870 年，威廉 · 科普兰在横滨的外国人居留地，开设了（据说是）日本第一间啤酒酿酒厂“Spring Valley Brewery”。

之后，虽然啤酒在日本的产量逐步攀升，但依旧是上流社会的高价饮料。

于是，日本各地陆续设立了啤酒酿造厂，

开始有能力生产当时世界最顶尖的啤酒，也就是皮尔森啤酒。

日本的啤酒产业虽在战争时期举步维艰，
但战后成功卷土重来。

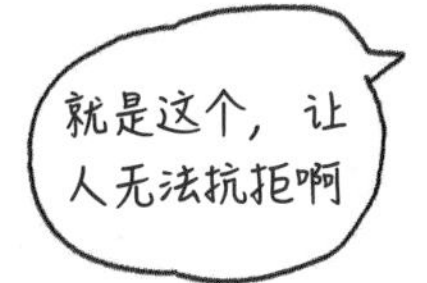

多亏知名品牌经营成功，压低了生产成本，啤酒才能成为一般民众也能享受的饮料。

这可不妙

然而，在20世纪，皮尔森啤酒席卷了全世界。

因此，欧洲重回传统啤酒的怀抱，美国也开始追求其他独具特色的啤酒。

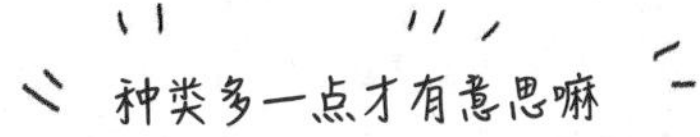

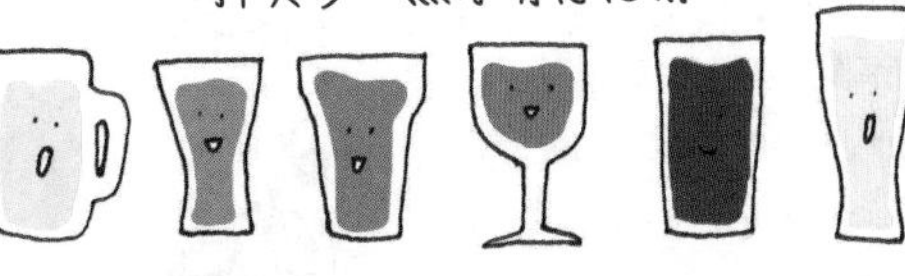

于是“精酿啤酒运动”逐渐推广至各个区域，各地开始研发独创的啤酒。

日本在1994年，也就是“私酿啤酒解禁”的当年修改了酒税法，开始允许小规模的啤酒厂生产啤酒。这时掀起了一股“地方啤酒热”，强势主打啤酒作为地方伴手礼，但是在此期间，啤酒风潮也一度面临衰退。

不过到了2000年以后，由美国点燃的精酿啤酒热潮终于烧到日本，为日本小型啤酒厂的啤酒产业注入了新的活力。

于是，日本的 CRAFT BEER 也越来越多样化了。

啤酒加上“精酿工艺”的元素，使日本独一无二的啤酒文化开始萌芽。今后日本啤酒的进步也值得关注！

啤酒的原料

水

其实啤酒的原料有 90% ～ 95％都是水。不同地区的硬水、软水，或是特定的矿物质含量，都会影响原料中水的特性，而啤酒的成品深受水质影响。酿造啤酒就和酿造其他酒类一样，优质的水源是一大重点。艾尔啤酒通常使用硬水，拉格啤酒则多半使用软水。现代人甚至还会为了酿酒而事先调整水质。

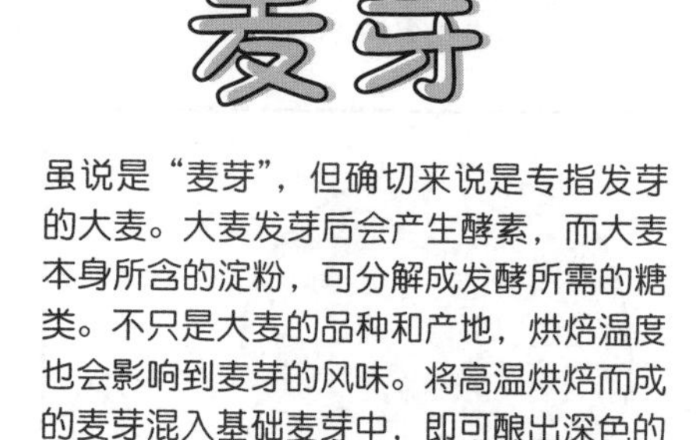

麦芽

虽说是“麦芽”，但确切来说是专指发芽的大麦。大麦发芽后会产生酵素，而大麦本身所含的淀粉，可分解成发酵所需的糖类。不只是大麦的品种和产地，烘焙温度也会影响到麦芽的风味。将高温烘焙而成的麦芽混入基础麦芽中，即可酿出深色的啤酒。

啤酒花

啤酒花（蛇麻）是一种香草，啤酒使用的是其中的球花。球花里有种名为“蛇麻素”的黄色粒状粉末，可以为啤酒增添苦味和香气。啤酒花还有舒缓神经和杀菌的效果，既能加强泡沫持久性，又可以发挥澄清剂的作用。现在大多数啤酒都会添加啤酒花，但也有不少啤酒是不用啤酒花的。

酵母

酵母可以分解麦汁里的糖类，借此制造出酒精和二氧化碳（泡沫）。啤酒酵母大致可分为上发酵（艾尔）酵母、下发酵（拉格）酵母以及野生酵母。上发酵酵母的发酵温度为 15℃～ 25℃，下发酵酵母为10℃左右。一般而言，下发酵所需的时间大约是上发酵的两倍。每一座啤酒厂都会自行培养或采购酵母，酿造出各种不同风格的啤酒。

副原料

副原料是指除了水、啤酒花、麦芽、酵母等的四大原料以外，酿造啤酒会使用的其他原料，主要作用是调整风味和口感。根据清酒税法的规定，啤酒可使用的副原料仅限于以下材料。凡是添加了下述之外的材料酿造的啤酒，一律都归类为“发泡酒”。

~酿造啤酒可以使用的副原料~

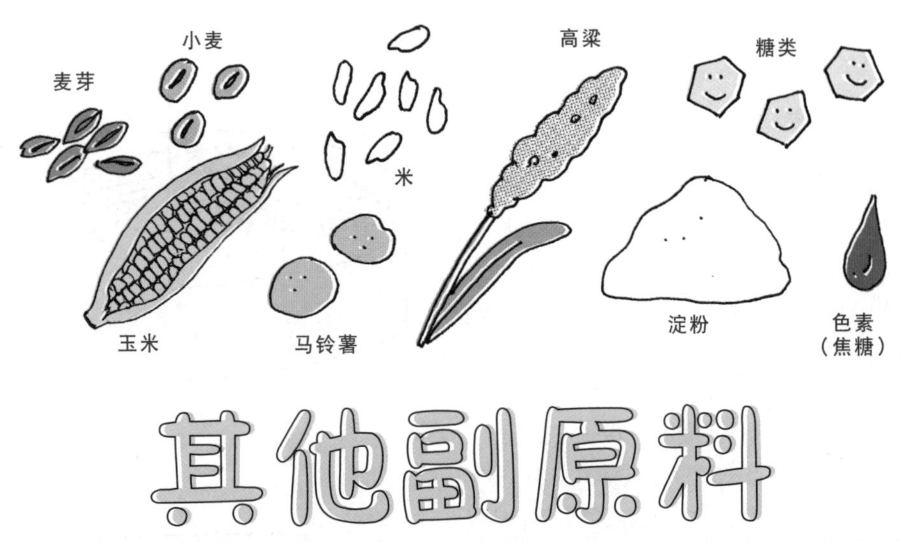

其他副原料

除了以上由清酒税法认可的副原料以外，世界各地还会使用多种其他副原料来酿造啤酒。这些材料都是酿造特色啤酒时，增添色泽、风味以及香气的重要元素。

啤酒的酿造过程

要酿成风味、香气、口感俱佳的好喝啤酒，需要经过多道程序。这里就来介绍其中的主要工序。

① 制麦

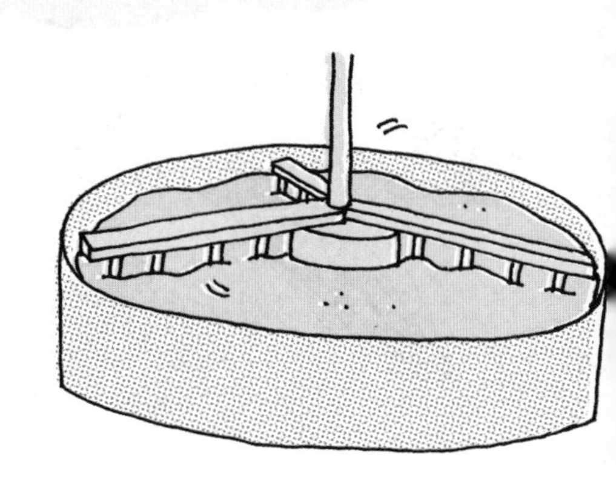

这是将收获的大麦制成麦芽的工序。首先将大麦泡水，洗去表面的脏污，同时让它吸收发芽必需的水分，这个步骤称作“浸麦”。接着是“发芽”。坚硬的大麦吸水后会变软，之后会像冒出豆芽般，变成“绿麦芽”。这时大麦就会产生酵素，用来分解淀粉和蛋白质。最后一步是“焙燥”。先用温暖的风使大麦停止发芽，并烘干富含水分的“绿麦芽”，再用温度更高的热风将麦芽烘出香气。淡色啤酒用的麦芽通常在 80℃条件下焙燥，而深色啤酒用的焦糖麦芽和巧克力麦芽，则要用烘焙机进一步加热。

② 粉碎

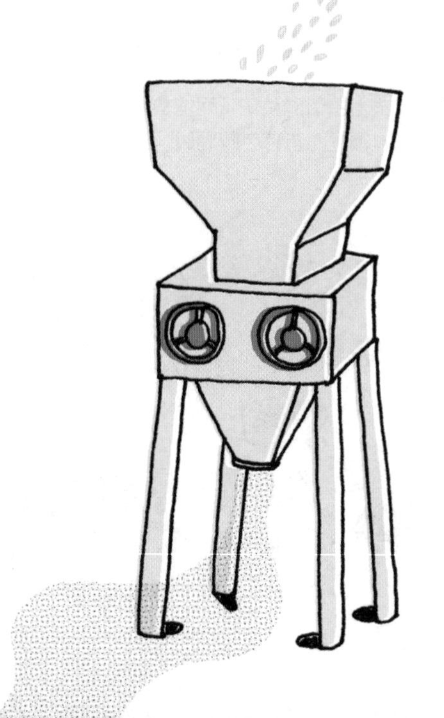

接下来，就要绞碎烘好的麦芽。如果麦芽在这一步绞得太碎，会使过滤麦汁变得很麻烦，且还会释放出麦芽的苦味和涩味成分，因此颗粒要绞粗一点。

③ 下料

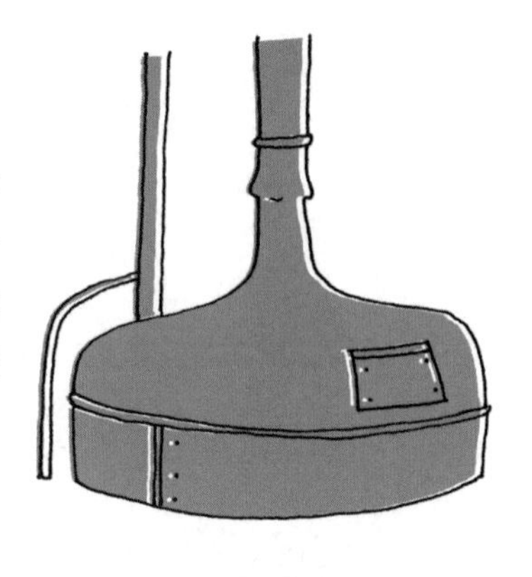

将绞碎的麦芽倒入热水中，熬成粥状的“麦芽浆”。此时，麦芽的酵素会发挥作用，将大麦所含的淀粉分解成糖类和氨基酸，这个过程称作“糖化”。过滤后，麦芽浆就变成了“麦汁”。通常在这一步会加入啤酒花一起煮沸，增添风味。

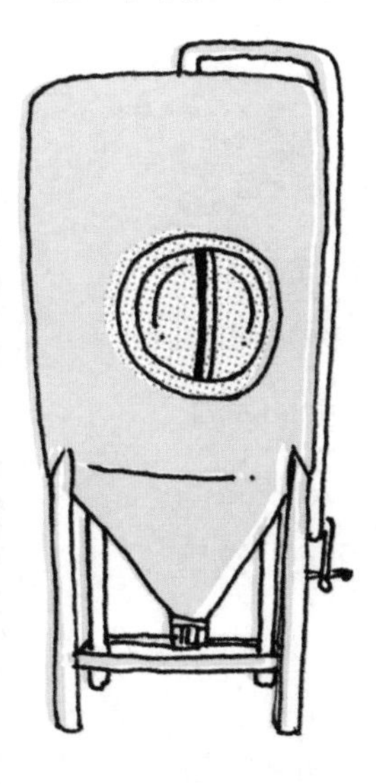

④ 发酵

等麦汁冷却到适当的温度以后，即可开始发酵。在发酵槽的啤酒里加入酵母，酵母就会处理糖类，使其分解成二氧化碳和酒精。这个第一次发酵的过程称作“主发酵”或“前发酵”，上发酵的啤酒需要 3 ～ 4 天，下发酵的啤酒则需 7 ～ 10 天才能完成。这一步酿出的啤酒就是“青啤酒”。

⑤ 熟成

熟成又称作“后发酵”或“二次发酵”，此工序是通过低温发酵分解掉“青啤酒”中所残留的糖类，酿成风味成熟的啤酒。上发酵的啤酒所需的熟成时间为两周左右，下发酵（的啤酒）则需要 1 个月。

⑥ 过滤、加热处理

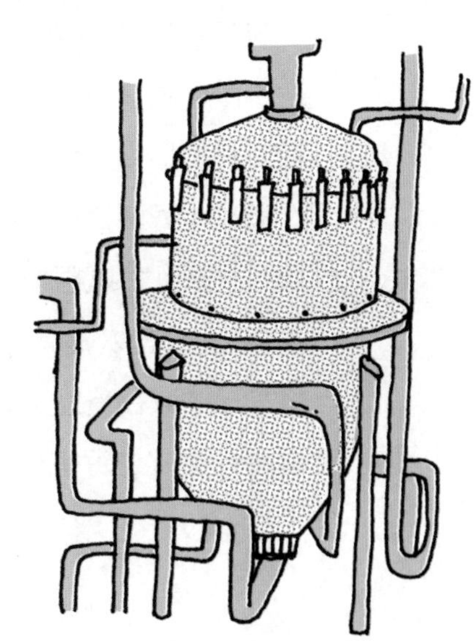

啤酒熟成后，就要阻止酵母继续活动。方法共有两种：加热啤酒以杀死酵母，或是用过滤法去除酵母。

⑦ 制品包装

最后要将完成的啤酒填入酒桶或瓶罐。装填后的酒桶需处理成真空状态，瓶罐则要抽出会使啤酒变质的氧气，之后再注入二氧化碳并封盖。

什么是风格？

在这个精酿啤酒与日俱增的时代，当大家谈论啤酒时，时不时就会出现“风格”这个词。我们在居酒屋经常看到的金黄色啤酒，属于“皮尔森”式的下发酵（拉格）啤酒。早些年，除了这种啤酒以外，市面上很难找到其他啤酒，不过现在日本国内的精酿啤酒已经越来越多，人们也逐渐见识到世界各地多到数不尽的啤酒风格。话说回来，这里所谓的“风格”到底是指什么呢？

纵观世界啤酒史，我们可以知道色泽、风味、度数、做法、历史和环境的不同造就出琳琅满目的啤酒。“风格”一词，即是指从这种差异之中酝酿而成的啤酒“种类”，这是在撼动世界啤酒史的啤酒猎人迈克尔·杰克逊于 1977 年出版的《新世界啤酒指南》（*The New World Guide to Beer*）（P. 166）里，首次提倡的说法，因此现在的啤酒普遍都是以风格来分类。在餐厅和酒吧供应各式各样的啤酒，或是在啤酒相关竞赛进行审查之际，都必须对啤酒风格作出明确的定义。

不过，由于啤酒会反映时代、地域和文化的特色，所以风格会随时变动。因此，在竞赛场合采取的规范，与其说是严密的定义，不如说是一种可以判定的标准，故这些定义也不一定正确。这就好比音译的外语词汇会衍生出不同于原文的意义，或是异国菜肴被改良成当地口味一样，啤酒也会因为酿酒人和喝酒的人而产生变化。更有不少啤酒的酿造法和材料，会随着潮流的衰退而在历史中转型，甚至完全消失。

所以，风格会因文化和各人的解读产生些许差异，材料和环境的不同也会使啤酒的品质有所变化，但这种未知的领域正是啤酒的趣味所在。深入了解隐藏在啤酒风格背后的历史以及各个特征，才能让这场啤酒大冒险显得更有意思。

享用啤酒的重点

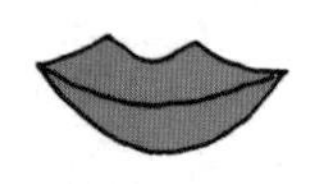

风味

酸味、甜味、苦味……啤酒的重点在于味道，而味道又会因风格而有所不同。除了麦芽、酵母、是否添加啤酒花、原料水的水质以外，酿造方式、环境、香辛料或是香草、水果等副原料，也可能让啤酒的滋味产生各种变化。甚至还有测量啤酒苦味的国际单位 IBU。

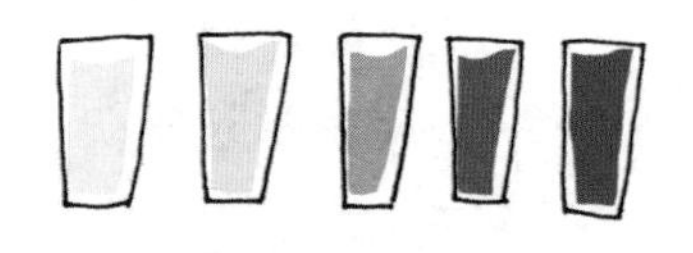

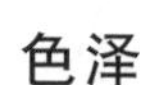

色泽

选购啤酒时，颜色是一眼就能看出的特征。啤酒风格会造就不同的颜色，因此色泽也是挑选啤酒的一个重要依据。SRM（标准参考方法）就是专门测量啤酒色度的数据。

泡沫

赏心悦目、口感顺滑的漂亮啤酒泡沫，是享受啤酒的一大重点。每一种啤酒的泡沫质地、持久度各有特征，泡沫也可以为啤酒加盖，有防止氧化的作用。

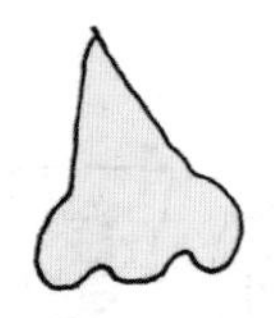

香气

啤酒花、香辛料、水果、麦芽等各具香味，光是用嗅觉享受啤酒的香气，就能获得很多乐趣。想更深入品味啤酒的芬芳，就直接倒进杯子里吧。

酒体、口感

酒体是指啤酒入口时的厚实度以及吞咽的重量；口感则是指包含酒体在内，喝下的啤酒在口腔里的感觉。从清爽到黏稠，口感拥有各种微妙的差异。

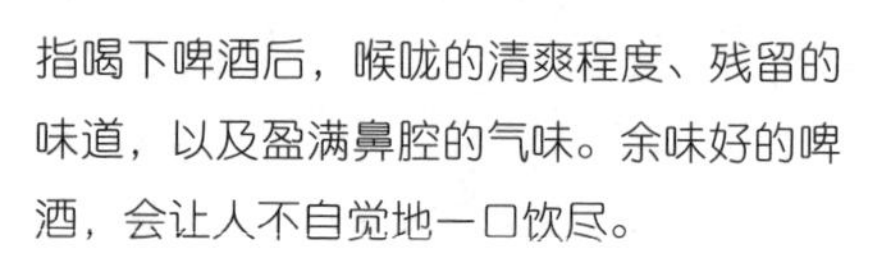

余味

指喝下啤酒后，喉咙的清爽程度、残留的味道，以及盈满鼻腔的气味。余味好的啤酒，会让人不自觉地一口饮尽。

IBU

国际苦味单位，用于表示啤酒的苦味程度。低苦味啤酒的 IBU 数值为 8 ～ 20，有明显啤酒花苦味的啤酒则将近 100，数字会因形式而大幅变动。以 IBU 数值为基准，人类可以感受到的苦味极限是 100 ～ 120。

ABV

代表酒精浓度。啤酒的酒精度数有很多种，低至 3%，高的甚至超过 10%。大家可依季节和体质选择适合的啤酒度数。

坚果香 / nutty
如坚果般香喷喷的风味。

泥土香 / earthy
会让人联想到肥沃土壤的风味。

药房味 / phenolic
由酵母或水质所引起，像丁香之类的香辛料或创可贴的药味。

涩味 / astringency
涩口的风味。

浓醇 / creamy
宛如奶油般温润的风味、口感。

烟熏味 / smoky
带有明显熏烤，或是经过高温烘焙麦芽香的风味。

干 / dry
清爽的口感。

果香 / fruity
水果般甘甜的香气、风味。

酯类果香 / ester
由酵母产生的独特水果香味。（P. 41）

啤酒花香 / hoppy
啤酒花特有的苦味和芳香。

辛辣 / spicy
带有香辛料刺舌的口感，或是辣味等刺激的风味。

啤酒的风味和香气

除了原料以外，啤酒也会因酵母、水质等因素，形成各种不同的风味和香气。试着找出藏在啤酒里的水果、坚果风味，或是花朵、泥土的香气吧。

雪茄
葡萄
洋甘草
吐司
泥土
苹果
焦糖
酪梨
杏子
葡萄干
みそ
味噌
茶叶
香草
水果干
哈密瓜
香蕉
覆盆子
樱桃
无花果
木头
奶油

历史酝酿了各式各样的啤酒风格，

就来看看本书所介绍的各种风格的发源地吧。

世界各地的啤酒风格

BREWERY

来吧！让我们一起享受不同酒厂的不同口味与风格吧！

美国

捷克共和国

比利时

英国

丹麦

波兰

荷兰

德国

墨西哥

本书介绍的

❶ 北海道

札幌啤酒（发祥） ≫P.78

北岛啤酒 ≫P.128

❷ 秋田

秋田 Aqula 啤酒 ≫P.24

❸ 岩手

岩手藏啤酒 ≫P.32

❹ 新潟

越后啤酒 ≫P.41

天鹅湖啤酒 ≫P.94

❺ 茨城

常陆野猫头鹰啤酒 ≫P.145

❻ 埼玉

COEDO ≫P.75

❼ 东京

石川酿酒厂≫P.31

惠比寿啤酒（日本麦酒酿造公司） ≫P.41

三得利 ≫P.81

Spring Valley Brewery ①② ≫P.92～93

❽ 神奈川

麒麟啤酒 ≫P.64

Sankt Gallen ≫P.79

Spring Valley Brewery ①② ≫P.92～93

湘南啤酒 ≫P.87

❾ 山梨

富士樱高原麦酒 ≫P.149

❿ 长野

欧拉厚啤酒 ≫P.48

志贺高原啤酒 ≫P.82

Yo-Ho Brewing Company ≫P.176

⓫ 岐阜

飞驒高山麦酒 ≫P.145

⓬ 静冈

培雅督啤酒 ≫P.155

⓭ 京都

京都酿造 ≫P.61

Spring Valley Brewery② ≫P.93

⓮ 大阪

朝日啤酒（发祥） ≫P.25

箕面啤酒 ≫P.168

⓯三重

MokuMoku 当地啤酒 ≫P.173

⓰ 兵库

KONISHI 啤酒 ≫P.76

⓱ 鸟取

大山 G 啤酒 ≫P.96

⓲ 冈山

吉备土手下麦酒酿造所 ≫P.58

独步 ≫P.109

⓳ 岛根

松江赫恩啤酒（岛根啤酒株式会社） ≫P.84

⓴ 福冈

门司港当地啤酒作坊 ≫P.173

㉑ 冲绳

Orion Draft Beer ≫P.49

啤酒用语

艺术与啤酒【アートとビール】

艺术和啤酒是相辅相成的好搭档。当一个人喝到微醺时，就会对作品以及空间打开心扉；相反，欣赏或聆听美的作品时，酒也会变得更好喝。通过 Asahi Art Festival 等艺术节以具体项目支援艺术发展，啤酒也能对激发地区活力做出贡献。（P. 25“朝日啤酒”“朝日啤酒大山崎山庄美术馆”）

鱼胶【アイシングラス isinglass】

鱼胶是一种用胶原蛋白制成的澄清剂（P. 94），萃取来源是鱼鳔，实际上它也是胶水和创可贴的原料之一。就澄清剂而言，最昂贵的鱼鳔来源是鲟鱼，不过现在主要使用鳕鱼。虽然并不是所有啤酒都添加鱼鳔，但是在享受澄澈啤酒的同时，别忘了感谢一下鱼儿的付出喔。

STYLE

冰酿啤酒【アイスビール ice beer】

冰酿啤酒是指在制造工程中，曾一度冷冻的拉格淡啤酒，是以冰酿勃克啤酒（参照下述）的制造方法为基础，由加拿大研发而成的。这种技法与冰酿勃克一样，利用酒精冰点低于水的特性，使啤酒部分冷冻后，再去除结冰的部分，可以提高酒精浓度。

STYLE

冰酿勃克啤酒【アイスボック eisbock】

来自德国的啤酒风格，是冰酿啤酒的基础。在 19 世纪末某个异常寒冷的冬夜，有一间酿造厂忘了将装有勃克啤酒（P. 159）的酒桶收进贮藏库，就这么在室外闲置了一晚。隔天早晨，酿酒师才发现冻得硬邦邦的啤酒桶，只好一边叹气一边喝掉酒桶内残存的深茶色液体，却意外发现这是人间美味，于是“冰酿勃克啤酒”就此诞生。浓缩过的勃克啤酒具有更富层次的原始风味，且酒精浓度高达 10%，推荐在严寒的季节慢慢啜饮，让你的身体从内到外都暖和起来。

IBU【アイビーユー】

国际苦味单位，全名是“International Bitterness Unit”。一般而言，啤酒会借由添加啤酒花、长时间加热或是烘焙麦芽来提高苦味。人实际上尝到的苦味，会因啤酒本身的特质而异，所以这个数值并非判定苦味程度的绝对标准，只是挑选啤酒的一个参考。

红藻胶【アイリッシュモス Irish moss】

红藻胶是一种红藻类，别名爱尔兰藓苔，日语称之为鹿角菜。有一半以上是由名为鹿角菜胶的凝胶状物质所构成的，从 19 世纪中叶开始用作啤酒的澄清剂，或是用来凝固食品、增稠等。啤酒长年来一直都是仰赖海洋生物才得以生产。（P. 22“鱼胶”、P. 94“澄清剂”）

爱尔兰【アイルランド Ireland】

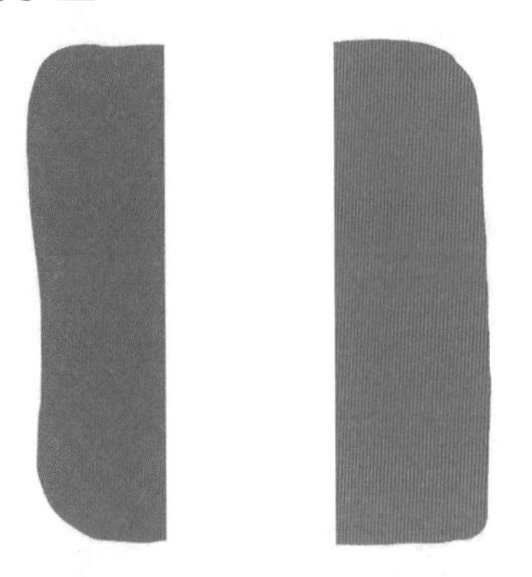

爱尔兰是自古便酿造啤酒的国度，其酿造历史至少可以追溯至 5000 年前。这里生产色泽偏红的传统艾尔啤酒，直到 18 世纪后，才出现健力士（P. 58）及其他大规模的啤酒厂。这些知名大厂如火如荼地发展，导致过去有 200 多家酿造厂陆续倒闭或遭到收购。在 20 世纪 90 年代后半掀起精酿啤酒风潮之前，爱尔兰的啤酒产业皆由大厂主导，尤其是健力士，更发展成世界知名的啤酒品牌。现在，最出名的爱尔兰啤酒风格主要有爱尔兰红艾尔（P. 182“红艾尔啤酒 ”）和爱尔兰司陶特（P. 90“司陶特啤酒”）。如今，生产精酿啤酒的小型啤酒厂越来越多，这里的传统艾尔啤酒和全新形式的文化依旧生生不息。

爱因斯坦 / 1879～1955

【アルベルト・アインシュタイン Albert Einstein】

爱因斯坦是少有的并不特别喜爱啤酒的德国人，但他与啤酒却意外的有缘。或许是因为气质内敛稳重，他成为许多啤酒广告爱用的主题元素。甚至在 1988 年，澳大利亚还发行过一部名为《少年爱因斯坦》的喜剧电影，以爱因斯坦的人生为主轴，讲述他因啤酒发生的种种趣事。

蓝啤酒【あおいビール】

注入玻璃杯的蓝色啤酒呈现宝石般的色泽，清凉畅快。大口喝下，令人仿佛有种在海边优雅品酒的感觉。有机会不妨尝尝看。

流冰生啤酒
网走啤酒

蓝色香槟啤酒
Something Blue
→岩手藏啤酒（P.32）

网走啤酒
www.takahasi.co.jp/beer

龙舌兰【アガヴェ agave】

龙舌兰属于单子叶植物，主要分布在以墨西哥为中心的南美热带地区。龙舌兰自古便是甜味剂和龙舌兰酒的原料，近年来也开始被运用于啤酒中。例如美国科罗拉多州布雷肯里奇啤酒厂生产的“龙舌兰小麦啤酒”，就给清淡的小麦啤酒点缀了美妙的龙舌兰风味，是一款爽口的啤酒。

BREWERY

秋田 Aqula 啤酒

【あきたあくらビール】

“Aqula”是位于秋田旧市区中心的小型本地啤酒厂，它以德国的巴伐利亚风格为蓝本，生产各式各样的啤酒。相传秋田美女如云，所以这里的经典款商品正是“秋田美人啤酒”，不仅保留了啤酒花所含的多酚成分，还有护肤的效果。有益身体的啤酒总是受人青睐。

〒010-0921 秋田县秋田市大町 1-2-40
TEL：018-862-1841
www.aqula.co.jp

BREWERY

朝日啤酒【アサヒビール】

源自1889年的朝日啤酒，其前身是在大阪吹田创立的大阪麦酒公司。1906年，它与日本麦酒和札幌麦酒合并为大日本麦酒，到了1949年又分割出来，成为朝日麦酒。在知名大厂激烈竞争的啤酒市场当中，朝日啤酒全资收购NIKKA威士忌，同时积极生产“三矢苏打”和“Bireley's柳橙汁”等其他饮品。1987年发售的“Asahi Super Dry”震撼啤酒产业界，引发了名为“干啤酒战争”的社会现象。全日本共有8座朝日啤酒工厂，皆开放参观。

🅘 〒130-8602 东京都墨田区吾妻桥1-23-1
www.asahibeer.co.jp

STYLE

修道院式啤酒

【アビイビール abbey beer】

修道院啤酒（P. 110）必须符合严格的条件限制才能酿造，但即使无法满足这些条件，也能以此风格为基础酿酒，这种酒就称作修道院式啤酒。从小型酒厂到知名大厂，甚至不在国际特拉普会联盟※中的修道院，都能生产修道院式啤酒。

朝日啤酒大山崎山庄美术馆

【アサヒビールおおやまざきさんそうびじゅつかん】

美术馆位于京都府大山崎町的天王山南麓。全区由关西企业家加贺正太郎（1888～1954）的西洋式别墅、朝日啤酒公司修复整顿后的本馆、安藤忠雄设计新建的地中馆（地中宝石箱）与山手馆（梦之箱）这几栋建筑所构成。馆藏品以朝日啤酒初代社长山本为三郎的收藏品、克劳德·莫奈的画作《睡莲》为主，展示品完美地与洋楼和现代建筑融合，美丽的庭园也值得一看。

🅘 〒618-0071 京都府乙训郡 大山崎町钱原5-3
TEL：075-957-3123（综合服务）

※ 为了避免修道院风格被滥用，欧洲的一些修道院成立了“特拉普会联盟”，并对修道院风格啤酒作出严格规定。唯有被承认加入国际特拉普会联盟的修道院，方可酿造修道院风格啤酒，除此之外都只是修道院“式”啤酒。

非洲【アフリカ Africa】

非洲各地自古以来就会使用当地采收的谷物，或是含有发酵成分的植物茎叶来酿造啤酒。主要原料有椰子、树薯（P. 59）、大麦、高粱、小米等等。用杂粮酿造的啤酒称作“小米啤酒”（P. 169），现在当地仍在持续生产。德国的小麦啤酒（P.36）往往带有香蕉和丁香的风味，非洲则真的有使用香蕉酿酒的地区（P. 135）。这些啤酒种类繁多，会因部落和用途而异。我们日常熟悉的食品，其实在不同的国家和地区会涉及截然不同的啤酒领域。

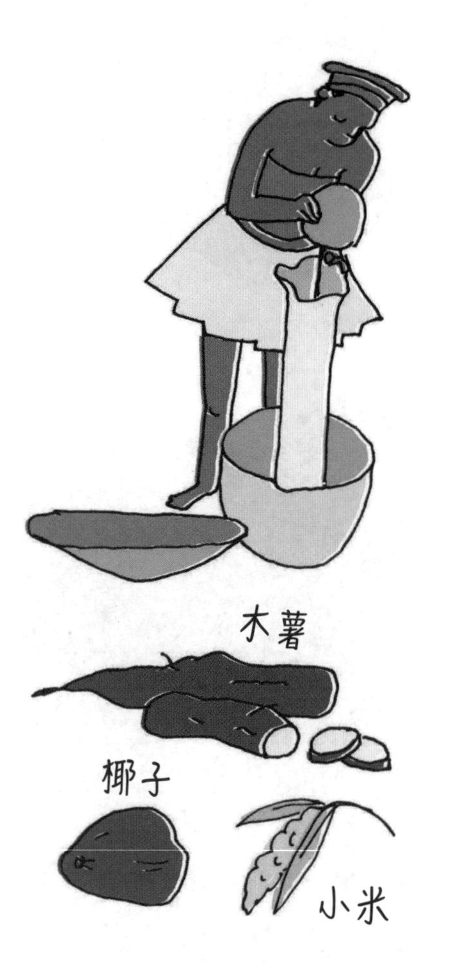

淀粉酶【アミラーゼ amylase】

淀粉酶是酿造啤酒过程中不可或缺的酵素，生成于加工麦芽的过程。它会将麦汁里的淀粉分解成细小分子，再转换成可以被酵母吸收的糖类（P. 108“糖化”）。

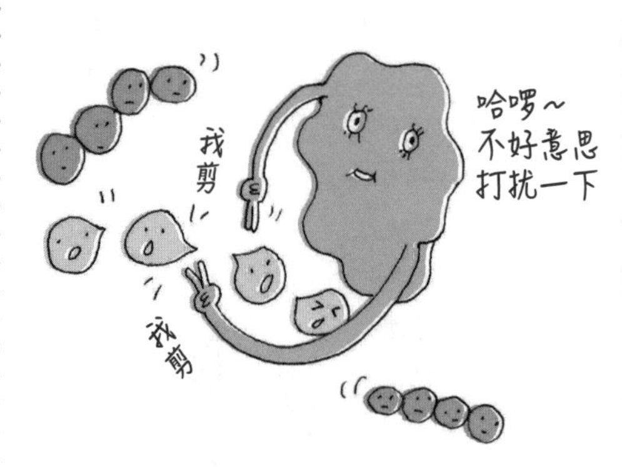

美国【アメリカ U.S.A.】

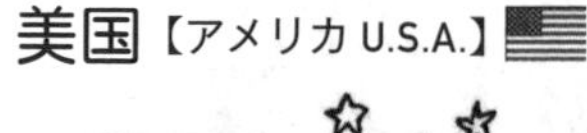

1492 年，探险家克里斯托弗·哥伦布抵达美洲后，大量的移民为了追求欧洲以外的新天地，纷纷航向美洲。其实在此之前，美洲原住民就已经会用玉米酿造啤酒了。正巧这群移民喜爱喝啤酒更胜于葡萄酒，因为他们主要来自欧洲的严寒地带，那里无法栽种葡萄，但能采收大麦。刚来到新土地的他们便立刻着手制造啤酒。起初酿造的全都是艾尔啤酒，但是到了 19 世纪中叶，他们从巴伐利亚州进口了下发酵酵母后，转眼间又改以拉格啤酒为酿酒主流。正好这个时期涌现不少为采矿而来的移民，所以清淡又无余味的拉格啤酒特别受欢迎。然而，大厂垄断了啤酒市场，加上20世纪前半禁酒令时代的余波，使得全美多达4000家的啤酒厂锐减至100家以下。啤酒本身也变得毫无特色，饮之无味……不过，自弗里茨·梅塔格（P. 151）在1965年收购并重振了铁锚酿酒公司（Anchor Brewing）后，小型啤酒厂从一开始的零星几家，逐渐如雨后春笋般在各地出现。1970年下半年起，自酿啤酒的厂商开始自行生产市面上没有的啤酒，使啤酒酿造走向“民主化”。之后，随着人们对健康、美食的追求，再加上推进地方产业的运动也在发展，1990年迎来了精酿啤酒时代，美国的啤酒产业重整旗鼓，孕育出独特的啤酒文化。从此，不再死守传统、崭新自由的美国啤酒产业，也为日本以及全世界注入了全新的酿酒灵感。

艾尔·卡彭

/1899～1947【アル·カポネ Al Capone】

他是美国禁酒令（P. 65）时代的芝加哥黑帮老大，也是历史上最有名的美国犯罪集团的成员。除了参与赌博、卖淫行业以外，他还曾私自酿造、贩卖啤酒。在1923～1930年，因芝加哥犯罪集团之间爆发的“啤酒战争”（P. 141），卡彭一跃成为黑帮头子，并乐于作为世人瞩目的焦点大肆作乱。他在禁酒令时代酿造的啤酒，被称作“地下酒吧啤酒”（P. 92“地下酒吧”），是一种非常清爽又顺滑的拉格啤酒。

酒精浓度【アルコールどすう】

酒精浓度是指酒精饮料所含的乙醇体积浓度。清淡的啤酒浓度只有3%，但大多数啤酒都有4%～5%。高酒精浓度的冬季啤酒有6%～8%，大麦酒（P. 130）的浓度甚至超过10%。史上酒精浓度最高的啤酒是2013年由苏格兰酿酒厂（Keith Brewery Ltd.）生产的“Snake Venom”（意即“蛇毒”），浓度达67. 5%。虽然令人好奇喝起来口感如何，但可惜的是目前已停产，成为梦幻啤酒了。

ⓘ Keith Brewery Ltd.
Isla Bank Mills Keith, Scotland, AB55 5DD
TEL：+44（0）1542 488 006

BEER COLUMN

一路向西

文·照片：松尾由贵

约3年前，朋友开车从旧金山横贯至鳕鱼角，正准备踏上归途时，我搭他的便车，开始了一段跨越北美大陆的旅程。路线是从纽约沿着东海岸南下，行经南部，再从得州驶向西南部，在加州北上，最后抵达目的地旧金山。我们的旅伴是一辆1972年生产的老爷车，每天行车约5小时，晚上通常在汽车旅馆过夜或是扎营露宿……那是一趟漫无计划、自由随兴的旅程。要说途中有什么趣事的话，那就是在路边餐馆吃到的早餐，还有当地的乡村菜。那时偶尔喝到的当地啤酒，滋味也令人难以忘怀。

有一天，我们到了亚拉巴马州的塞尔玛。当时是周日晚上，才8点，但几乎所有餐厅都大门紧锁，我们只好到唯一还在营业的超市，拿了薯片和6罐啤酒去结账。然而收银小姐却一脸吃惊地说："今天可是星期日啊！"我们根本不知道美国有些州还有贩卖酒类的限制，便匆匆忙忙地把啤酒放回架上。隔天早晨，我们开车行驶在明亮的马路上，眼前所见的城镇与昨夜死气沉沉的大街截然不同。所到之处都伫立着教堂，让我印象非常深刻。

我们在得州的马尔法街上，正巧遇上总统大选的开票日。我们很想知道大选结果，便在寥寥无几的酒吧里随便挑了一家走进去。酒吧里挤满了戴着牛仔帽的当地人，他们人手一个啤酒杯，心情复杂地围观电视，这幅景象至今仍印在我的脑海里。

旅行进入尾声，我们全速奔驰在旧66号公路，眼前尽是湛蓝的天空与干燥龟裂的大地。无论我们走多久，都不曾与任何对向车辆擦身而过，也没见到半间民宅或广告

牌，只有狂风呼啸的声音回荡在耳边。这是我有生以来第一次亲身体验何谓真正的“荒野”。结束这天的行程后，筋疲力尽的我们在汽车旅馆房里喝起了罐装啤酒。不光是嗓子被啤酒滋润，身体也像干涸的大地，从内到外吸收着水分。当时喝到的啤酒简直是这辈子都不曾品尝过的佳酿。

每当我想起这段旅程，脑中总会浮现一幕用餐的情境，或是一幅酒吧的风景。那里弥漫的气味和流泻的音乐便随之再现，仿佛自己还随着车身摇摇晃晃，任想象带着我继续驶向未知的旅途。

松尾由贵 / Yuki Matsuo

作家兼本土派人士，以纽约为据点，持续探索饮食与餐饮相关文化。从 2012 年自费出版的饮食主题书 *All-You-Can-Eat Press* 开始发迹，陆续出版 Ny Food Map 系列丛书。现在正着手制作第 8 弹 *Manhattan Chinatown Map*。
www. allyoucaneatpress.com

STYLE
老啤酒【アルトビール altbier】

一种发源自德国的传统艾尔啤酒风格，其中又以杜塞尔多夫酿造的最为知名。“alt”在德语里是“古老”之意，因熟成期较长、历史比拉格啤酒悠久而得名。它属于酒体中等的艾尔啤酒，拥有扎实柔滑的泡沫，并散发出啤酒花的香气，余味也很清爽。

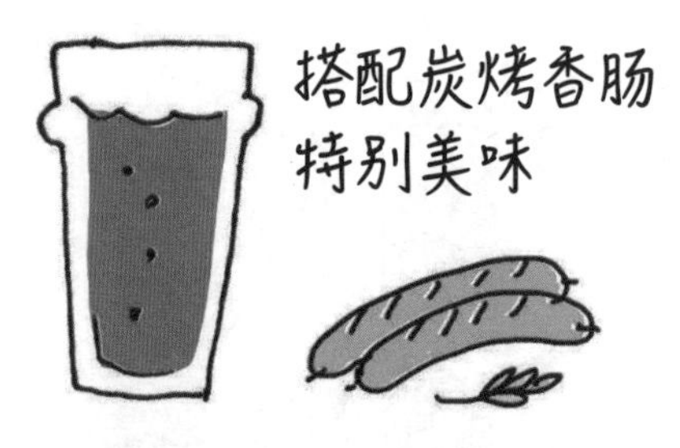

香气【アロマ aroma】

即芳香。啤酒会因麦芽、啤酒花、酵母的种类不同而散发不同的香气。香气是享受芳香啤酒的一大重点，而日本也为特别喜爱具有浓郁香味啤酒的人陆续推出了多种“芳香型”的啤酒。建议用高脚杯或葡萄酒杯等可以衬托酒香的玻璃杯饮用。

泡沫【あわ】

啤酒泡沫又称作“啤酒头”（P. 156）。覆盖在啤酒上的松软泡沫不只是好看而已，它还包含了好喝的秘密：泡沫有加盖的作用，可防止啤酒氧化，让美味始终如一。啤酒泡沫的持久度会因蛋白质、啤酒花和酵母的疏水性成分（不易溶于水的成分）而提升，不易消散，所以啤酒表面才会形成一层细致的泡沫。不易溶于水的成分会彼此聚集，使苦味成分集中在泡沫里。因此倒酒和起泡的方式，会让啤酒的风味产生微妙的变化。

STYLE
琥珀啤酒

【アンバーエール amber ale】

“Amber”意指琥珀、琥珀色。琥珀啤酒主要产自美国西岸，是琥珀深红色的淡色艾尔啤酒（P. 155），又可称作“美国琥珀啤酒”。其酒体比一般的淡色艾尔啤酒厚重，是一种麦芽和美国啤酒花风味较明显的啤酒风格。

安海斯–布希英博集团

【アンハイザー·ブッシュ·インベブ Anheuser-Busch InBev】

总部位于比利时鲁汶的跨国饮料兼酿酒公司。在世界啤酒的市占率高达 25%，是全球规模最大的酿酒公司。主要由巴西的 AMBev、比利时的 Interbrew，以及美国的安海斯–布希这 3 个集团合并而成，旗下拥有包含时代啤酒、百威啤酒、科罗娜、豪格登白啤酒在内多达 200 种的啤酒品牌。

www.ab-inbev.com

酵母【イースト yeast】

很多人一听到“酵母”就会联想到面包用的酵母，它的意思的确和酿酒用的“酵母”（P. 74）完全相同。

英国【イギリス England】

英国以传统的真艾尔啤酒（P. 179）和酒吧文化（P. 135“酒吧”）闻名。虽然现在拉格啤酒在英国也很受欢迎，但在用啤酒花酿造啤酒的技术在 15 世纪从荷兰传入英国之前，英国人只饮用以麦芽和水酿造的桶装艾尔啤酒。在日本，啤酒主要是冰镇后饮用，但艾尔啤酒的适饮温度大约是 7℃～ 11℃，所以在英国的酒吧里，不冰的啤酒相当普遍。以前，在英国不易取得安全的饮用水，所以艾尔啤酒才会成为生活必备的饮品。在开始商业酿造啤酒以前，各个家庭的主妇要负责准备分量充足的啤酒，因此家家户户都有齐全的基本酿酒器具。代表英国的主要风格有淡色艾尔啤酒、苦啤酒、老艾尔啤酒、波特啤酒和司陶特啤酒。近年来，英国也和美国及世界各地一样，出现了越来越多小规模啤酒厂生产的精酿啤酒。

居酒屋【いざかや】

日本的居酒屋，其实是在江户时代以后才出现的。起初人们会自行携带容器到酒屋买酒，后来才渐渐开始“居”留在酒屋里喝酒，店家趁势推出简单的下酒菜和小菜，于是“居酒屋”便应运而生。现在，啤酒也是日本居酒屋的固定“班底”。

BREWERY

石川酿酒厂【いしかわしゅぞう】

发源自 1863 年的石川酿酒厂，主要以名为“多满自慢”的清酒而闻名，但旗下的啤酒商品也广受瞩目。这里生产的基本上是德国和比利时的啤酒，不过也有很多令人深感兴趣的啤酒，像是使用酒厂地下天然水酿造、重现明治时代啤酒的“多摩之惠”，以及要花 5 年长期熟成的瓶中熟成啤酒“Bottle Conditioned”等。只要前往位于东京福生的石川酿酒厂，即可参观其历史悠久的酒窖，还能在附设餐厅“福生啤酒小屋”里喝到鲜酿啤酒。

JAPAN BEER

〒197-8623 东京都福生市熊川 1 番地
TEL：042-553-0100

一口饮尽【いっきのみ】

意思是一口气喝干大量的酒。酒精需要30分～1小时才会被人体吸收，一下子喝太多可能会造成急性酒精中毒，非常危险。更何况啤酒含有碳酸，喝得太快只会感受到苦味，一点也不好喝。不只是啤酒，所有酒类都应该慢慢细心品味。

祷告【いのり】

天主教会通过祷告祝福食物和饮料，市面上也贩卖这种祝祷过的啤酒商品。用于祝福啤酒的祈祷文相当美妙："愿你令饮者身体健康，灵魂得以安宁。"

BREWERY

岩手藏啤酒【いわてくらビール】

岩手藏啤酒是在江户时代开业，别名"世嬉一"的酒厂所生产的精酿啤酒品牌。生产此啤酒的石造酒窖过去曾是精米仓，目前已被指定为日本有形文化财产。其中最值得关注的，是用岩手当地食材制造的"三陆广田湾牡蛎司陶特啤酒"。这款啤酒坚持使用广田湾产的牡蛎，带有淡淡的海潮香气和醇味，让啤酒更有层次。如果有机会亲自走访当地，一定要参观历史悠久的酒窖，并在附设的餐厅享用当地特色菜和啤酒的组合。

〒021-0885 岩手县一关市田村町5-42
TEL：0191-21-1144
sekinoichi.co.jp/beer

旅馆【イン inn】

旅馆在以英国为首的西方国家既指供应餐饮的住宿设施，也充当当地居民的社交场所。据说在罗马帝国时代，旅馆是因为欧洲开始修建道路才应运而生的设施。

STYLE

印度淡色艾尔啤酒【インディアペールエール IPA = India Pale Ale】

印度淡色艾尔啤酒简称“IPA”，是大英帝国时代专为出口而研发的啤酒风格。东印度公司的成立使英国与印度之间的贸易日益繁荣，但居住在炎热印度的英国人却非常思念故乡好喝的啤酒。印度原本已有好几座啤酒厂称霸市场，借此很是发了一笔大财。东印度公司发现这一点后，便委托其他啤酒厂酿造殖民地专用的啤酒。此时诞生的新啤酒就是印度淡色艾尔啤酒。为了让啤酒经得起长途运输，啤酒花含量和酒精浓度比一般啤酒高，以便加强杀菌作用；加上原料使用了距离首都较远的地方井水，因此带有独特的苦味和绝佳的风味。这些特制的艾尔啤酒由东印度公司以实惠的价格运送至印度，令大家为之疯狂。这种呈现明显啤酒花苦味的清澈啤酒，至今仍是偏好啤酒花风味的人特别喜爱的一种风格。

印度【インド India】

啤酒可以爽快地缓解干渴，在炎热的印度也非常受欢迎。当地最主要的品牌是翠鸟啤酒，其他还有泰姬玛哈陵、狮子和眼镜蛇等许多名称相当有趣的啤酒品牌。其实，在印度成为殖民地以前，各个地区和村落主要是用米来酿造啤酒，据说这些村庄还曾经遭到爱喝啤酒的象群攻击。直到大英帝国时代，才开始有欧式啤酒传入印度。18 世纪初期是淡色艾尔啤酒，末期则是印度淡色艾尔啤酒（IPA），后者更于 19 世纪末开始在当地直接酿造。现在的印度啤酒以拉格啤酒为主流。

浸渍法【インフュージョン infusion】

浸渍法是啤酒制造工程中的技法，指在一定的温度下进行糖化（P. 167“麦芽浆”）。大部分的啤酒风格都是采用这种方法以 65℃～70℃加热制造而成。

STYLE

帝国 IPA

【インペリアルアイピーエー imperial IPA】

这是近年在美国以英国的印度淡色艾尔啤酒为基础，研发而成的新兴啤酒风格。此艾尔啤酒的啤酒花风味比原始的 IPA 更明显，色泽是偏红的亮茶色。爱酒人士会将嗜好啤酒花苦味的人昵称为“hophead”（意指成瘾者），帝国 IPA 正是专为这群人而生，酒精浓度为 7.5% ～ 10%，是后劲很强的啤酒。近年来，还出现了下发酵的帝国淡色拉格啤酒（IPL）的风格。

浸渍酒【インフューズド·ビール infused beer】

浸渍酒是在饮用前，先用装有水果或啤酒花的容器冲过，使其增添风味的啤酒。浸渍的装置有很多种，例如将浸泡器（P. 179）直接接上啤酒龙头，或是倒入啤酒后短时间加盖浸泡。这种方法可以为啤酒增加新鲜啤酒花或水果的风味，制造出自己喜爱的味道。

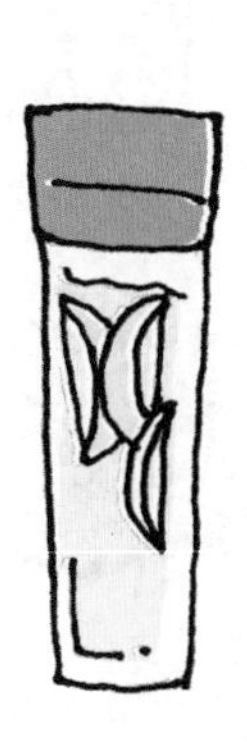

STYLE

帝国司陶特啤酒

【インペリアルスタウト imperial stout】

别名俄罗斯帝国司陶特啤酒。英国在 19 世纪企图将啤酒出口至俄罗斯，为了讨好沙皇才酿出这种啤酒风格，所以此啤酒的酒精浓度偏高，约为 9%，且麦芽的特性相当明显。

BREWERY

维森酒厂 【ヴァイエンシュテファン Weihenstephan】

位于德国慕尼黑郊外的维森酒厂是世界上最古老的啤酒厂，酿造啤酒已长达千年，目前仍在持续营运，主要生产小麦啤酒。在可饱览丘陵地带的广大厂区里，设有可享用鲜酿啤酒的餐厅。其实，维森酒厂同时也是大学兼研究机构，啤酒相关人士会在此留学研究。厂内也培养啤酒酵母，并销售至世界各地。

Alte Akademie 2, 85354 Freising, Deutschland
TEL：+49 8161 5360
http://www.weihenstephaner.de

维京人【ヴァイキング Vikings】

维京人是在 8 ~ 11 世纪掠夺西欧沿海地区的北欧海盗。他们习惯饮用的酿造酒"mjöd"类似用蜂蜜和谷物制成的"蜂蜜酒"(P. 168)。他们也喝用小麦酿的啤酒。残暴的维京人特别嗜酒，甚至相信死后前往的英灵殿里有可以榨出啤酒的魔法山羊。

STYLE

小麦啤酒【ヴァイツェン、ヴァイスビア weizen、weißbier】

“weizen”在德语中指“小麦”，“weiß”意为“白色”。德国北部与南部的说法不太一样，不过 weizen 和 weißbier 都是指上发酵的小麦啤酒。在过去，小麦啤酒物以稀为贵，有“贵族啤酒”之称，也是日本精酿啤酒当中最受欢迎的风格。德国小麦啤酒的“格鲁特”（P. 71）中，小麦含量多达 50%。此外还有很多不同的风格，不过大多数都是富含果香、苦味较淡的啤酒。

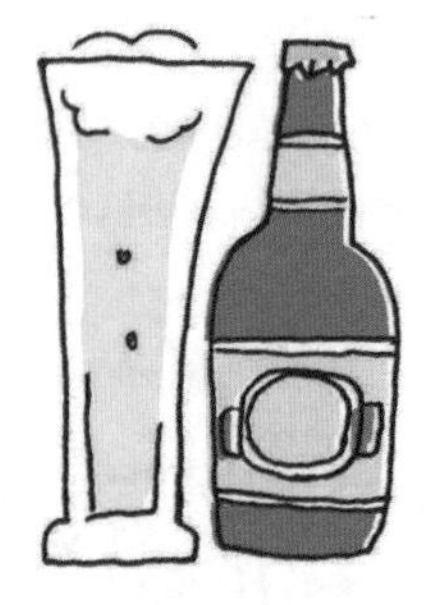

德国小麦啤酒
Hefeweizen

会散发出苯酚所形成的丁香以及香蕉芳香，风味刺激且带有果香，余味相当清爽。“Hefe”指“含酵母”，所以 Hefeweizen 就是指没有过滤酵母的浑浊啤酒。

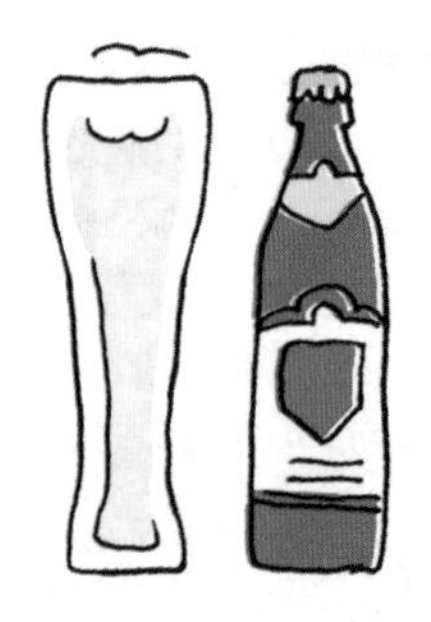

德国水晶小麦啤酒
Kristallweißbier

过滤掉酵母的啤酒。一如其名，是一款颜色澄澈的小麦啤酒，口感清爽无余味，香蕉的风味也不甚明显。

STYLE

维也纳啤酒【ヴィエナ Vienna】

使用维也纳麦芽酿成的奥地利拉格啤酒，拥有饼干般的香气与偏红的色泽。这种啤酒风格后来传入了与维也纳历史关系匪浅的墨西哥。

氮气气囊【ウィジェット widget】

氮气气囊是健力士（P. 58）的专利产品，是一颗放在啤酒罐里的气囊，能为啤酒制造美丽泡沫。含有氮气的气囊小球会借由调节罐内气压的方式制造出柔滑的泡沫。罐内空间通常都会填入碳酸，氮气不仅可以防止液体氧化，还能产生非常细致的泡泡。在 2011 年，日本的 Yo-Ho Brewing Company（P. 176）也发售过加入气囊小球的限定款“夜夜真麦啤酒”，让大家在家里也可以享受覆盖美丽泡沫的极品啤酒。

STYLE

白啤酒【ウィットビア witbier】

Witbier 在中世纪比利时使用的荷兰（弗兰德斯）语中意为“白色啤酒”，又称作“比利时白啤酒”，是日本最受欢迎的啤酒风格之一。酒精浓度比德国的小麦啤酒低，特色是拥有香菜和柳橙“格鲁特”（P. 71）的芳香风味，以及微呛刺激的口感。

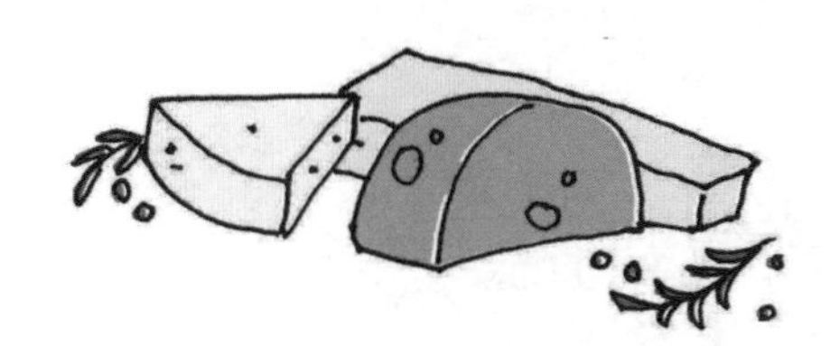

维也里啤酒

【ヴィレ·ボン·セコー Vielle Bon Secours】

维也里啤酒是全世界最昂贵的啤酒之一，一瓶 12 升，要价 700 欧元，属于比利时啤酒，贮藏整整 10 年，瓶装，酒精浓度高达 8%。特征是有柑橘、焦糖、太妃糖的风味，并散发出些许洋甘草和茴芹籽的香气。全世界只在少数几家酒吧可以喝到这种难得一见的啤酒，且需要两人联手才能倒酒。

威廉·科普兰 / 1834～1902【ウィリアム·コープランド William Copeland】

威廉·科普兰是在明治时代初期设立了“Spring Valley Brewery”（P. 92）的挪威裔美国人，曾在啤酒之乡巴伐利亚花了 5 年师从著名德国酿酒师学习酿啤酒。之后他在美国居住了一段时间，才前往日本投身啤酒酿造业。他不仅引进新技术、培育日本酿酒师，还开设日本第一座啤酒花园，态度非常积极。科普兰酿的啤酒评价也很高，曾有段时期发展得相当顺利，然而到了明治 17 年，其事业却因发生内部纠纷而宣布破产。虽然科普兰之后仍继续死撑着啤酒花园的生意，但举步维艰，最终只能离开日本的啤酒产业……对于在日本啤酒史上留名的他而言，这样的结局令人惋惜。

年份【ヴィンテージ vintage】

年份是指酿酒的那一年，不过葡萄酒的年份通常是指葡萄采收当年，而对于啤酒来说，只有熟成陈酿的特殊风格，才有年份的区别。

沃伊泰克 /1942～1963

【ヴォイテク Wojtek】

沃伊泰克是一头隶属波兰陆军的叙利亚棕熊。它自小父母双亡，由军队收养后，便被取名带有“战士”含义的“沃伊泰克”。除了爱吃水果和蜂蜜以外，啤酒更是它的心头好，是犒赏它时少不了的饮品。沃伊泰克是军队里的正式士兵，享有军衔，退伍后则在爱丁堡动物园里悠闲地度过余生。

人民庆典

【ヴォルクスフェスト volksfest】

Volksfest 在德语中意即“为人民举办的庆典”，主要是指啤酒节或葡萄酒节，以及结合移动式游乐园的庆祝活动。（P. 45“慕尼黑啤酒节”）

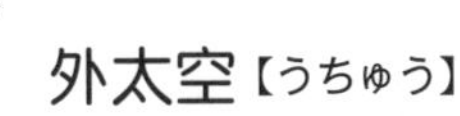

外太空【うちゅう】

啤酒酿造的工程终于走向了外太空。2009 年，札幌啤酒推出用飘浮在太空的大麦酿造的“札幌太空大麦啤酒”※。2013 年，美国的角鲨头酿酒厂（Dogfish Head Brewery）也曾推出用月球陨石制造的艾尔啤酒“Celest Jewel Ale”※。今后太空啤酒的发展也值得关注。顺道一提，在外太空喝啤酒时，由于液体和气体不会分离，所以不像在地球喝起来那么爽快，且味觉也会变得迟钝，不易感受到啤酒花和麦芽的滋味。所以啤酒还是在地球喝最好了。

（※ 现在不再贩卖）

愚人节【エイプリルフール April Fool's Day】

2014 年 4 月 1 日，啤酒品牌塞缪尔 · 亚当斯（Samuel Adams Brewery）宣布推出在啤酒里注入氦气的全新啤酒“HeliYUM”（“yum”在英语中是“美味”之意）。只要喝下这种啤酒，声音就会改变，完全是派对的好搭档！不过可惜的是，这只是个愚人节限定商品，毕竟每年 4 月 1 日是大家可以尽情撒谎的日子。酿酒师都会为了这一天特别酝酿新奇有趣的啤酒点子。

ABV【エービーブイ】

“alcohol by volume”的缩写，意即“酒精浓度”（P. 27）。

艾尔啤酒【エール ale】

艾尔啤酒在过去指“未添加啤酒花的啤酒”，不过现在专指用上发酵（P. 87）酵母酿造的啤酒。特征是有麦芽的甜味，加上高温发酵生成的“酯”（P. 41）所形成的果香。这款酒的发酵温度偏高，在 18℃～ 25℃，发酵速度比下发酵啤酒要快，且酵母的酒精耐性也高，因此可以酿出较烈的啤酒。由于中世纪尚未研发出下发酵啤酒，所以当时的啤酒全都是艾尔啤酒。19 ～ 20 世纪，皮尔森（P. 146）式的拉格啤酒横扫全世界，但英国和比利时却依旧特别偏好艾尔啤酒。现在掀起了精酿啤酒风潮，使得艾尔啤酒的人气再度回升。

啤酒屋【エールハウス alehouse】

指贩卖艾尔啤酒的酒店，也可以指类似酒馆、旅馆等提供餐饮和住宿的设施。

灰西鲱 / 女老板
【エールワイフ alewife】

①指鲱鱼的一种。

②指专门酿造商用艾尔啤酒的女性，也就是经营啤酒屋的女老板。这个词源自中世纪的英国。现在的啤酒厂多半是由男性主掌，但是在过去的英国，酿造啤酒是女性的工作。在古代美索不达米亚也是由女性负责酿啤酒。精酿啤酒的风潮或许会让“alewife”的时代再度来临。

液体面包【えきたいのパン】

啤酒有“液体面包”之称，在德国又叫作“flüssiges brot”（液状的面包）或“flüssiges nahrungsmittel”（流质食物）。啤酒富含蛋白质、矿物质、维生素等，对中世纪欧洲人来说，是用于补充精力的很重要的一种营养品。在修道院容易缺乏营养的断食期间，啤酒更是十分重要的“粮食”（P. 110“修道院啤酒”）。虽然“液体面包”这个称呼不太能在日本引起共鸣，不过它和欧洲人的主食、同时也是作为神圣“耶稣身体”一部分的面包同样重要，就这层意义而言，也算是恰如其分的比喻。

SRM【エスアールエム】

“Standard Reference Method”的缩写，中文称作“标准参考方法”，也就是标示啤酒和麦芽色度的单位。这种计算法非常困难，爱喝啤酒的人就算不懂也无妨。皮尔森啤酒和白啤酒的数值大约是 2 SRM，琥珀啤酒是 9 ～ 18，棕色艾尔啤酒是 20 ～ 30。数值达到40，色泽就几乎全黑，是颜色最深的啤酒。

酯【エステル ester】

一种可以让啤酒散发果香的化合物。其实这股风味并非来自水果或啤酒花，而是在酵母发酵的过程中生成的。如果啤酒喝起来有玫瑰般的花香，或是梨、芒果、香蕉之类的温和果香，那就有可能是酯所造成的。尤其是英国的艾尔啤酒、德国的小麦啤酒，它们最常出现这种风味。

（酯的一般化学式）

毛豆【えだまめ】

毛豆是日本的下酒菜之王，也就是早期采收的黄豆。因为在日本是连枝采下，烹调时也是带枝料理，所以日语中称作枝豆。毛豆的主要吃法是连豆荚一起加盐水煮，和啤酒非常搭配。不只美味又方便食用，毛豆还富含蛋白质、维生素、矿物质、膳食纤维，更具有促进酒精分解的作用，简直是超强下酒菜。方便烹调又方便食用的毛豆如今作为代表性的开胃菜被推广到了全世界。

BREWERY

越后啤酒【エチゴビール】●

位于新潟的越后啤酒，是日本在 1994 年修正酒税法以后，所设立的第一家地方啤酒公司，隶属同样位于新潟的波路梦集团。该品牌为了让大众了解啤酒的多样性，开发出了形形色色的啤酒。帅气又俏皮的商标灵感，来自德国勃克啤酒的山羊图案。

ⓘ 〒953-0016 新潟县新潟市西蒲区松山 2
TEL：0256-76-2866

惠比寿啤酒【ヱビスビール】●

“惠比寿啤酒”是由札幌啤酒的前身、日本麦酒酿造公司在 1890 年所推出的商品。它生产自曾位于现在“惠比寿花园广场”（东京涩谷区）的工厂，当时为了运送啤酒而设置的车站被命名为“惠比寿站”，周边顺势发展的城镇也因此得名。1900 年，惠比寿啤酒在巴黎世界博览会荣获金奖，至今仍旧遵循德国的啤酒纯酿法，持续作为顶级啤酒被推向市场。

王冠盖【おうかん】

啤酒瓶都是用刻有 21 个“锯齿”的“王冠”金属瓶盖密封的。虽然王冠盖在现代随处可见，但其实它是 19 世纪末才出现的发明。在此之前，啤酒瓶都是用软木塞密封，不是拔半天拔不出来，得把瓶子打破，就是拔开后泡沫乱喷，弄脏衣服和地板，令人伤透脑筋。

发明王冠盖的是美国发明家兼工程师威廉·潘特（William Painter）。王冠盖于 1900 年传入日本，但当时日本缺乏制造瓶盖的技术，因此花了很长的时间才普及，让酒瓶的封盖和开盖变得简单许多。每个啤酒品牌都有自家设计的王冠盖，它们也是收藏家收集的对象。请看以下一些美丽的古董王冠盖。

图片来源: http://thebottlecapman.com（此网站可购买各种古董王冠盖）

王室【おうけ】

啤酒推广至全欧洲以后，便成了王族心目中的重要饮品。虽然王族负责授予民间人士酿造啤酒的资格，但他们也会自行酿造啤酒。因为王室拥有广大的土地，便有条件经营私有烘焙坊、肉店、葡萄酒厂和啤酒厂，以生产生活必需品。现在仍持续经营的王室后裔啤酒厂包括巴伐利亚的卡登堡酒厂等。

有机啤酒

【オーガニックビール organic beer】

现在有很多使用有机栽培材料做成的有机食品，啤酒当然也不例外。位于啤酒大国德国明斯特的品克士酒厂（Pinkus Münstersch Alt）于 1979 年首度酿出有机啤酒，从此之后，各地纷纷推出有机啤酒。

奥地利【オーストリア Austria】

阿尔卑斯山的优质水源，让奥地利得以盛产啤酒。尤其是在帝国时代，首都维也纳正是酿造啤酒的心脏地带，最有名的是使用维也纳麦芽酿成的拉格啤酒“维也纳”（P. 36）。奥地利的人均啤酒消费量至今仍名列世界前茅。

大麦【おおむぎ】

啤酒最重要的材料“麦芽”（P. 174）正是来自大麦。啤酒主要使用有两排穗的结实二棱大麦，不过有些啤酒也会使用六棱大麦。六棱大麦的麦味比较明显，不太容易融入啤酒，不过只要运用得当，就有画龙点睛的效果。日本的本土品种是六棱大麦，明治时代以后为了生产啤酒才开始栽种二棱大麦。

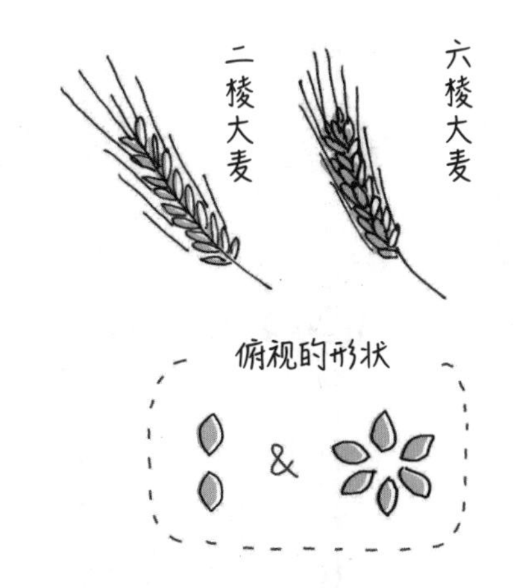

STYLE

老艾尔啤酒

【オールドエール old ale】

老艾尔啤酒是英国传统的风格，麦芽风味突出，酒体饱满、色泽偏暗，从深琥珀色到近似全黑的茶色都有。由于需要长期贮藏熟成，所以才命名为“老”（old），香气温醇，但酒精浓度比一般艾尔啤酒高，带有些许果香。有些老艾尔烈到甚至可与波特葡萄酒※比拟。

※ 一种产于葡萄牙的酒精加强的红葡萄酒。

慕尼黑啤酒节【オクトーバーフェスト Oktoberfest】

原本是巴伐利亚为了庆祝收成与新酿啤酒的季节到来而举办的节庆活动。现在最知名的十月节活动就是首屈一指的德国慕尼黑啤酒节。这场长达 16 天的啤酒节于 9 月中旬到 10 月上旬举办，是每年都会吸引 600 万来自全世界的游客、世界最大的“人民庆典”（P. 38）。始于 1810 年 10 月 12 日，巴伐利亚王国的路德维希王子与特蕾西娅公主的婚礼。婚礼的盛况让当时举国欢腾，于是庆典便年年举行，规模也越来越大，如今面积已广达整片特蕾西娅草坪，足足有 31 公顷。庆典当中也会出现移动式游乐园，让小朋友也能乐在其中。在举办期间，只会供应由 6 座慕尼黑啤酒厂专为节庆酿造的“十月节啤酒”。这 6 座啤酒厂会架设可容纳数万人的大型帐篷，并使用可装 1 升啤酒的大号啤酒杯来供应啤酒。另外，现场还会贩售适合下酒的肉类与其他多种乡村菜肴。向往啤酒圣地的人，千万不能错过这场盛宴。

十月节啤酒【オクトーバーフェストビール Oktoberfest Beer】

在十月节饮用的传统啤酒风格（P. 173“清啤”）。

下酒菜【おつまみ】

即配酒的菜肴，英语有“snack”“appetizer”“bar food”等多种说法。日本有毛豆、酱菜、烤鸡肉串、炖煮小菜等适合配酒的丰富料理，其他国家也有很多与众不同的美味下酒菜。偶尔也可以按照啤酒的种类，大胆尝试多种独特的下酒菜。

酪梨酱

从阿兹特克文明时期直到现代墨西哥都会食用的酪梨酱。柔滑的酪梨和新鲜朗姆、洋葱非常搭配，并能和啤酒迸出不同的滋味。

中东蔬菜球

将加入大蒜、葱、香菜的鹰嘴豆磨成泥之后放入锅中油炸而成的中东菜。通常会夹在皮塔饼里或是直接食用。

馍馍

将豆泥、洋葱、大量胡椒和香辛料拌匀蒸制而成的尼日利亚菜。不只名称可爱，和啤酒也是最佳拍档。由于口味辛辣，推荐搭配可大量饮用的淡啤酒。

鹰嘴豆泥

磨成泥的鹰嘴豆与大蒜、芝麻酱、橄榄油、柠檬汁、胡椒盐搅拌而成的中东蘸酱。营养丰富，很适合下酒。

炸鱼薯条

来自艾尔啤酒大国英国的经典菜。用油炸过的白肉鱼和薯条可以蘸麦芽醋（P. 174）享用。这道菜简单又方便下酒，可随意搭配自己喜欢的艾尔啤酒。

夏威夷生鱼

使用酱油和盐给切块的生鱼调味后，再拌入海藻和香料的夏威夷式拌菜。滋味清爽，搭配啤酒让人暑气全消。

西班牙香辣蒜虾

用大蒜、橄榄油和食材一起炖煮的西班牙式前菜。

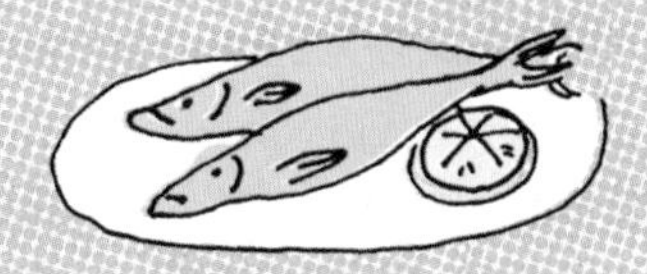

烟熏沙丁鱼

俄罗斯和北欧最常见的下酒菜。烟熏的香气和鱼的鲜味很适合下酒。

水　饺

在日本也很常见的下酒菜，有温热身体的作用，所以也适合当作酒后的收尾菜。

皮蛋

皮蛋是用鸭蛋腌制的中国菜，味道温醇容易入口，不论是配清爽还是浓郁的啤酒都很合适。

德式香肠

德式香肠适合搭配德国啤酒。种类相当丰富，有巴伐利亚白香肠、卡塞尔老肉肠、德国油煎香肠等等，可尝试多种不同组合。

Fritz 薯条

比利时的回锅炸薯条，让人忍不住一根接一根地吃下去。

炸大蕉片

大蕉是香蕉的一种。给油炸或烧烤过的大蕉片撒上薄薄的盐，简单又美味。

印度咖喱角

将马铃薯泥、洋葱、绞肉、豆泥一起拌匀再裹上面粉油炸而成的印度小吃。

奥巴马总统

/1961~【オバマだいとうりょう】

美国第44任总统巴拉克·奥巴马最爱啤酒了！在2011年，他还自掏腰包购买自酿工具，酿造出第一款诞生于白宫的“白宫蜂蜜艾尔啤酒”，之后又陆续酿出蜂蜜金色艾尔、蜂蜜波特、蜂蜜棕色艾尔等新品种啤酒。这些啤酒使用了白宫境内采到的蜂蜜，主要用于白宫举办的宴会。据说美国首任总统乔治·华盛顿（P. 86）和第3任总统托马斯·杰斐逊都曾经酿造过啤酒，但并没有在白宫留下任何酿酒的证据。附带一提，白宫在2012年公开了蜂蜜艾尔啤酒的酿造法。参考以下网址：

https://obamawhitehouse.archives.gov/blog/2012/09/01/ale-chief-white-house-beer-recipe

异味【オフフレーバー off-flavor】

Off-flavor直译就是“出乎预料的味道”，意指在酵母没有确切发挥作用，机材或原料滋生细菌、酿酒过程发生问题时，所产生的异样风味、香气或口感。异味有上百种，例如硫黄、臭鼬、醋、颜料之类的气味，或是浓烈的奶油味、霉味等。

BREWERY

欧拉厚啤酒

【オラホビール OH！LA！HO Beer】

欧拉厚啤酒是1996年在长野县东御市推出的啤酒品牌。“OH！LA！HO”在当地方言中的意思是“我们”或“我们的地方”。除了基本款的黄金艾尔啤酒、琥珀啤酒、科隆啤酒、淡色艾尔啤酒、乌鸦船长非凡淡色艾尔啤酒以外，还有依季节酿造的“Biere De·雷电”。在酒厂附设的餐厅里，可以透过玻璃窗参观酿酒设备。

〒389-0505 长野县东御市和3875
TEL：0268-64-0006

荷兰【オランダ Netherlands】

以喜力和时代啤酒闻名的荷兰啤酒，主要生产淡色拉格啤酒。荷兰坐拥大型贸易城市阿姆斯特丹和鹿特丹，自古以来便大量生产用于出口的啤酒。荷兰也是日本在锁国时代唯一来往的国家，日本人第一次喝到的啤酒，正是在江户时代由荷兰人引进的。在幕府官员的报告中也记录了当时的情况：“此无味之物，谓之啤酒也。”可见当时的日本人丝毫没有想到这种东西会让国民为之沉醉。

Orion Draft Beer（奥利恩生啤）

【オリオンドラフト】

自 1960 年上市以来就深受冲绳县民及全日本喜爱的啤酒。这款啤酒配合冲绳的气候和风土，量身打造出极为爽快的风味，并于 2015 年夏天改良得更加好喝。其绵柔的泡沫、滑润的口感、恰到好处的苦味，比任何啤酒都顺口。

〒901-2551 冲绳县浦添市字城间1985-1
TEL：098-877-1133
http://www.orionbeer.co.jp

原始比重

【オリジナルグラビティ OG,original gravity】

参考第 74 页“原麦汁浓度”。

BREWERY

嘉士伯

【カールスバーグ Carlsberg】

1847 年创立的丹麦啤酒品牌。创办人 J. C. 雅各布森从慕尼黑带回下发酵酵母后，在哥本哈根附近山丘上的啤酒厂开始酿造北欧第一批拉格啤酒。润滑但辛辣的拉格是丹麦王室的御用啤酒。附带一提，雅各布森也是位艺术收藏家，在面积超过 30 公顷的嘉士伯厂区内有许多美丽的建筑，还设有两座别致的庭园。嘉士伯的酿酒业务在 2008 年迁址，现在厂区已蜕变成为哥本哈根市区的新区域。

Carlsberg
www.carlsberg.com.cn

海盗【かいぞく】

中世纪欧洲的海盗以好酒量闻名。北欧的“维京人”（P. 35）喜爱蜂蜜酒和啤酒，其他海盗则偏好朗姆酒、琴酒之类的烈酒。

鸡尾酒【カクテル cocktail】

鸡尾酒是用包含至少 1 种酒类在内，以 2 种以上材料调制而成的饮料。虽然人类自古便习惯在酒里混入其他材料再饮用，但鸡尾酒一词是直到近数百年来才有的新兴词。鸡尾酒的词源不详，但普遍认为是来自美国。在美国禁酒令时代，为了掩饰质量低劣的酒的味道，才会发展出鸡尾酒文化。这里就来介绍几种用啤酒调制的鸡尾酒，大家可以趁机享受一下与平常不同的喝法。

黑色天鹅绒

Black Velvet

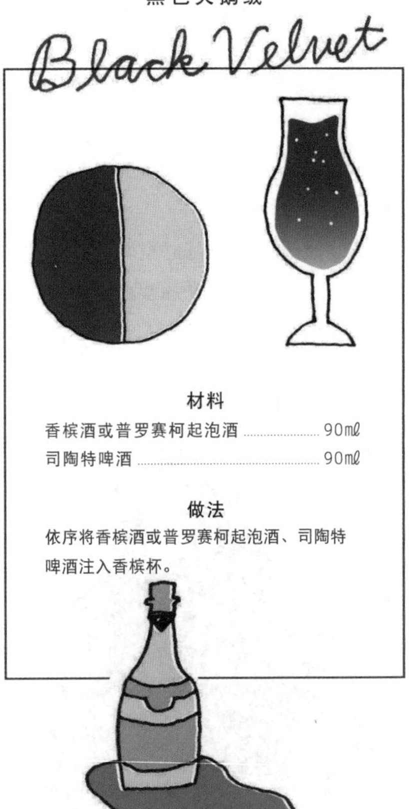

材料

香槟酒或普罗赛柯起泡酒 90mℓ
司陶特啤酒 90mℓ

做法

依序将香槟酒或普罗赛柯起泡酒、司陶特啤酒注入香槟杯。

吊死鬼之血

Hangman's Blood

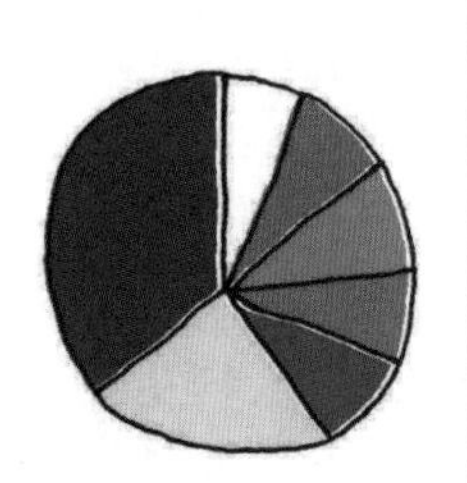

材料

A：琴酒、朗姆酒、威士忌、白兰地、波特酒 .... 各 35mℓ
司陶特啤酒 150mℓ
香槟酒 120mℓ

做法

将 A 倒入品脱杯，再加入自己喜欢的司陶特啤酒和香槟酒。

狗鼻子

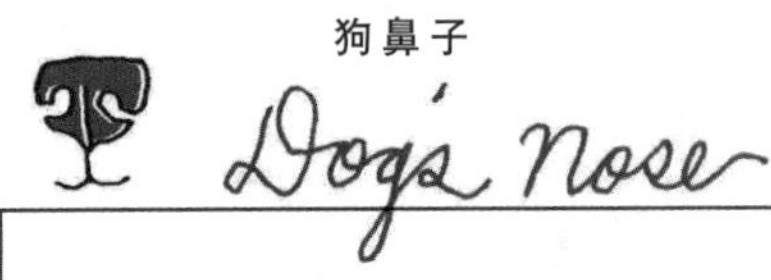

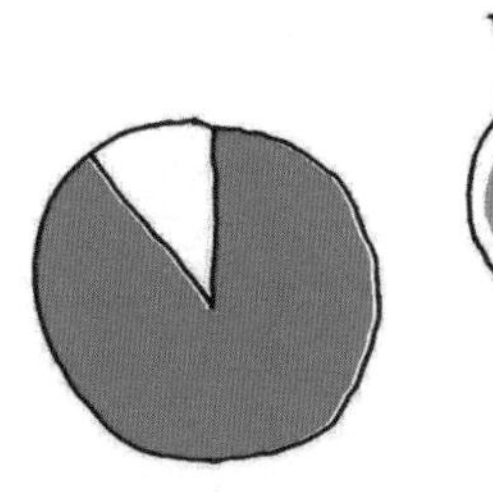

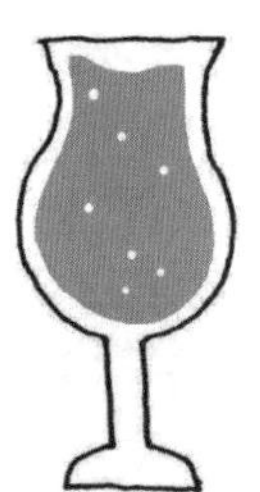

材料

艾尔啤酒 285mℓ
琴酒 15mℓ

做法

先在玻璃杯里倒入艾尔啤酒，再加入琴酒。

红眼

Red Eye

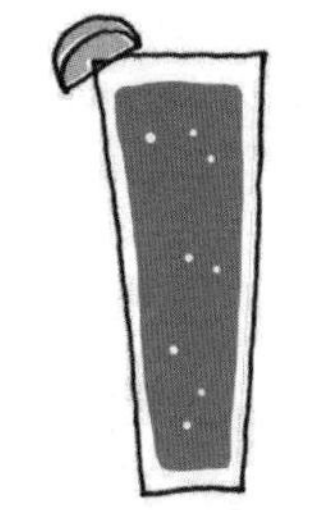
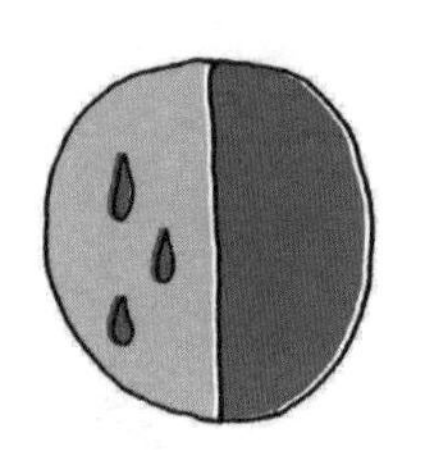

材料

番茄汁……150mℓ
啤酒……150mℓ
塔巴斯科辣椒酱……数滴

做法

先将番茄汁倒入玻璃杯，再从上方注入啤酒，最后依喜好加几滴塔巴斯科辣椒酱。

香迪

Shandygaff

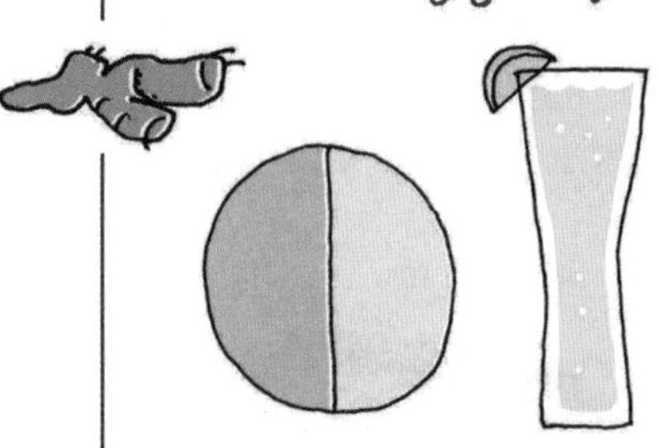

材料

啤酒……150mℓ
姜汁汽水或柠檬水……150mℓ

做法

先将啤酒倒入杯中，再从上方注入姜汁汽水或柠檬水。

柴油引擎or蛇毒

Diesel OR Snake Venom

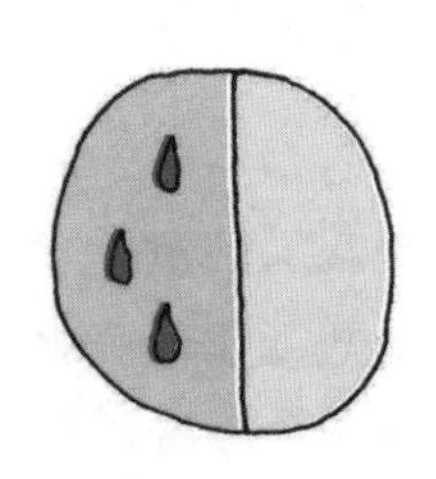
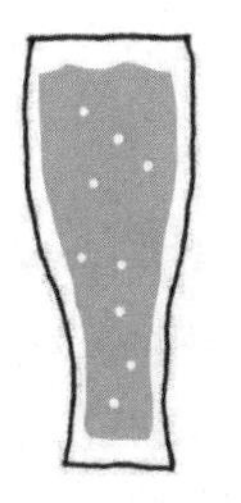

材料

啤酒……150mℓ
苹果酒……150mℓ
浓缩黑加仑果汁……一口

做法

将啤酒注入杯中，再加入浓缩果汁，最后倒入苹果酒。

爱尔兰汽车炸弹

Irish Car Bomb

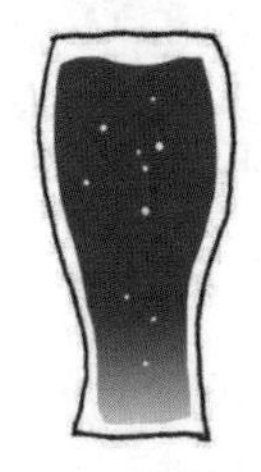
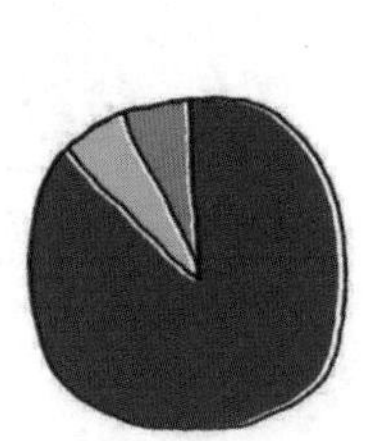

材料

健力士司陶特啤酒……270mℓ
贝礼诗香甜奶酒、威士忌……各15mℓ

做法

依序将贝礼诗、威士忌倒入shot杯，另外在玻璃啤酒杯里注入健力士司陶特啤酒。等啤酒稳定下来以后，将shot杯沉入玻璃杯中，马上一口喝下！要是放太久，奶油成分可能会凝结。

酒糟【かす】

在酿造啤酒的过程中，于麦汁完成糖化后对其进行过滤，麦汁的固体和液体就会分离。此时剩下的“啤酒糟”也称作“麦芽饲料”，脱水加工后可用作家畜的饲料或是外销的肥料。

原木桶【カスク cask】

贮藏啤酒、葡萄酒、威士忌、朗姆酒等酒的木桶。在巴比伦王国时代，原木桶是用椰子树和黏土制成的；在中世纪欧洲则是用铁环固定木材制成的。这种方法不仅不易管理，还有卫生上的疑虑，所以现代主要使用金属桶，不过至今仍有人继续利用原木桶的特性来酿啤酒。

桶内加工

【カスクコンディション cask conditioning】

这是一种啤酒的熟成方法，常见于英国的酒吧，利用原木桶为啤酒进行二次发酵、熟成后才供应。现在有些啤酒厂也会采用这种木桶熟成法，用来推出各种风味的啤酒。

加拿大【カナダ Canada】

在尚未发明冰箱的时代，加拿大拥有最适合酿造啤酒的气候。和美国一样，因 17 世纪欧洲移民的到来，加拿大才开始发展啤酒产业。当地啤酒随着近代化而展开商业酿造，但是到了 20 世纪上半叶，政府颁布禁酒令作为战时的对策。虽然禁酒令只在 1918 ～ 1920 年间短期实施，却依然对啤酒产业造成巨大冲击，只剩下寥寥数家大厂苦撑。直到 20 世纪 80 年代，小型啤酒厂开始慢慢增设，市面上一直是以大厂生产的拉格啤酒为主。现在和其他国家一样，精酿啤酒逐渐在加拿大普及。不过加拿大本身也在推出自己独特的啤酒，像是以德国“冰酿勃克”（P. 22）为基础研发的“冰酿啤酒”（P. 22），以及由源自美国的“奶油艾尔”（P. 69）改良成的加拿大风格啤酒等。

螃蟹啤酒【カニビール】

城崎是位于兵库县北部日本海一侧的温泉小镇，在城镇中央是一座拥有 350 年历史的温泉旅馆“山本屋”。在其直营工房内，专门生产 4 种“城崎啤酒”，分别是皮尔森、司陶特、小麦啤酒和“螃蟹啤酒”。其中的螃蟹啤酒，正是为了搭配冬季美食之王——螃蟹，历经多次研究才酿成的。虽然啤酒里并没有真的添加蟹肉，但风味甘醇浓郁，非常推荐和螃蟹、海鲜、火锅一起享用。酒精浓度偏高，有 6%，冬天喝了可以暖身。

🅘 〒669-6115 丰冈市城崎町来日 128
TEL：0796-32-4595

BREWERY

加富登啤酒【カブトビール】

在明治时代曾挑战过啤酒四大天王（大阪朝日、横滨麒麟、东京惠比寿、北海道札幌）的啤酒品牌。这款产自日本的啤酒，前身是 1889 年 5 月发售的“丸山啤酒”，直到 1943 年发布企业整顿令以前，都在爱知县半田市酿造生产。1898 年，加富登啤酒招聘德国工程师建造全新的啤酒工厂，人称“半田红砖厂房”。这座工厂至今仍然留存，是知多半岛的观光地标。加富登啤酒拥有地道的德国啤酒风味，曾在 1900 年的巴黎世博会荣获金奖。其酒精浓度为 7%，原麦汁浓度（P. 74）偏高，啤酒花含量也是现代啤酒的两倍，风味相当浓郁。2005 年，致力于维护并活用工厂建筑的半田红砖俱乐部，发售了 3000 支复刻版加富登啤酒。现在在这栋半田红砖建筑里，当然仍旧可以喝到这款充满明治浪漫风情的啤酒。

🅘 〒475-0867 爱知县半田市榎下町 8
TEL：0569-24-7031

明治38年（1905）

第一个使用美女画像的啤酒广告。模特儿万龙是明治末期至大正初期号称“日本第一美女”的著名艺伎。（竹内进藏）

神祇【かみ】

自人类有文明以来，酒便是亲近神祇的一种方法，同时也用于感恩生命的场合。光是在日本就有各式各样的酒神，世界各地的葡萄酒、啤酒之神等更是多到难以计数。

凯丽德温（Cerridwen）

威尔士的大麦女神。有魔女之称，可以炼出魔药。

宁卡西 （Ninkasi）

古代苏美尔人的酿酒之神。

惠比寿

日本七福神之一，保佑商业繁荣。

哈托尔 （Hathor）

古埃及的酒神。

埃吉尔 （Aegir）

北欧海神，也是和 9 个女儿一起为众神酿造艾尔啤酒的宴会之神。

下发酵【かめんはっこう】

这是一种酵母发酵后会往下沉淀的发酵、贮藏熟成法，也指酿造啤酒的方法。用下发酵法酿造的啤酒，就称作“拉格”（lager）。虽然发酵温度会因酵母种类而异，但酵母一般都是在4℃～15℃活化，所需温度比上发酵要低。中世纪的巴伐利亚酿酒师发现，啤酒在冰凉的贮藏库里也会持续发酵，才研发了这个方法。以此酿出的拉格啤酒，比过去流行的上发酵啤酒（P. 40“艾尔啤酒”）更清爽顺口，因而逐渐普及于欧洲各地。由于其发酵时间是上发酵法的两倍，过去都是冬季酿酒后，持续冷藏到初春才开始饮用，因此取“贮藏”和“贮藏库”的语意，命名为“拉格”（P. 178）。

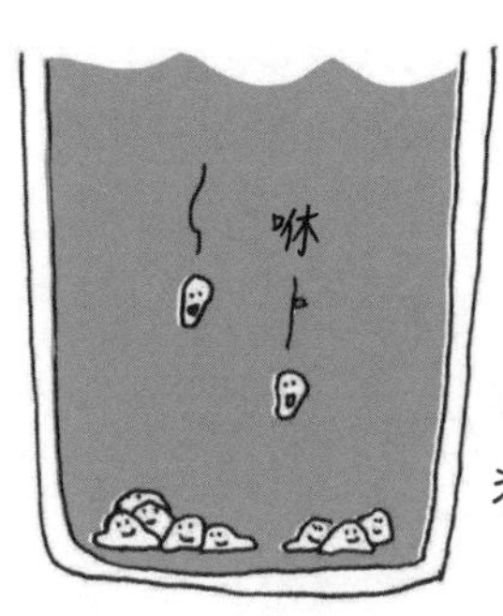

唐花草【からはなそう】

日本原生植物，是啤酒花的亲戚，啤酒花在日本又称作“西洋唐花草”。

加仑【ガロン gallon】

加仑是码磅度量衡制的容积单位，定义因国家而异，在英国相当于4. 546升，在美国则相当于3. 785升。在日本多半不会使用这个单位，不过在冲绳，却可以看到相当于1/4加仑的夸脱（0. 946升）包装牛奶。※

河川【かわ】

大家通常是在室内享用啤酒，不过在户外喝酒也非常爽快。在河畔来一罐啤酒，可以让人忘却时间的流逝，若在微醺中吟上一首诗的话……

※冲绳设有美军基地，故而会贩卖美式包装的产品。

川本幸民 /1810～1871【かわもとこうみん】

幕末研究荷兰的学者兼西医，有“日本化学始祖”之称，据说他就是日本首位酿造啤酒的人。他按照自己从荷兰语译成的《化学新书》里关于啤酒的章节，在自家庭院用釜锅酿造啤酒。看起来川本幸民似乎非常喜欢喝酒，不禁令人好奇他酿出来的啤酒又是什么滋味，所以在 2010 年，小西酿酒厂（P. 76“KONISHI 啤酒”）限定发售了重现幸民啤酒的“幕末啤酒 复刻版 幸民麦酒”。

罐【かん】

19 世纪初就出现了用马口铁制造罐头用以保存食品的技术，但饮料罐却直到 1930 年才在美国发明出来。世界上第一听罐装啤酒诞生于 1935 年的新泽西州。当初使用的是带有王冠盖的锥形密封铁罐，后来为求方便，筒形铁罐才变得比较普遍。日本在 1958 年推出第一听罐装啤酒。起初，罐装啤酒因为不易开封和“铁罐味”等质量上的问题，花了不少时间才普及。原本开罐还需要动用开罐器或“开瓶器”（P. 103），不过随着拉环的问世，现在徒手即可开罐。近年来则为了减少铝的用量，而持续改良罐子的形状。

干杯【かんぱい】

干杯是许多人一起喝啤酒时绝对少不了的用词和习惯，也是呼唤大家在宴席上举起酒杯、共同喝酒的信号。日语的“干杯”源自中文，意思是要喝到“杯底变干”。每种文化、每个国家都有自己的流传下来的干杯习惯，让我们超越国境、一同举杯吧！

季节【きせつ】

在日本，“啤酒”基本上属于夏季的季语。虽然我们的确更愿意在容易口渴的夏季畅饮冰凉的啤酒，不过在春天赏花之际可以喝到用花酵母酿成的啤酒，秋天有十月啤酒节，冬天则可品尝酒精浓度稍高、有暖身效果的黑啤酒。尽情享受一年四季不同风格的啤酒吧。

BREWERY

健力士【ギネス Guinness】

1759年设立的爱尔兰啤酒公司。旗下拥有世界知名的司陶特啤酒，在日本也赢得许多人的喜爱。健力士要倒出绵密的泡沫，秘诀是小心慢慢地注入杯中。

ⓘ www.guinness.com

BREWERY

吉备土手下麦酒酿造所※

【きびどてしたばくしゅじょうぞうしょ】

这是位于冈山县的啤酒厂，理念是“就像你家巷口豆腐店的‘本地啤酒屋’”，并以此深入人心。建于后乐园北侧旭川河畔的酿酒厂，充满温馨的气息。这里生产的吉备土手下啤酒，采用啤酒花、麦芽加上大麦作为副原料，属于“发泡酒”的一种，这是为了打破“本地啤酒＝昂贵”的定律，才大胆研发出的配方（P. 85“酒税法”）。酒厂内附设名叫“平日酒场”的酒吧，提供免费试喝的啤酒样品。

ⓘ 〒700-0803 冈山县冈山市北区北方4-2-18
TEL：086-235-5712
http://kibidote.jp

※ 吉备是日本以冈山县为主的地区在古代的地名。土手下的意思是河畔。

树薯【キャッサバ cassava】

树薯就是木薯，为热带灌木，其块根是热带地区的主食。树薯是非洲等地区普遍栽培的作物，自古便用来酿酒。尽管鲜少有知名品牌会大量生产树薯酿的啤酒作为主力商品，但在无法栽种大麦的地区，树薯是相当有利用价值的啤酒原料，因此备受关注。

特性【キャラクター character】

特性是用来表现啤酒特征的用词，源自英语中意指性格的“character”。形容啤酒特性时，要着重于香气、风味、口感（P. 166）、酒精浓度、苦味和色泽。

库克船长 /1728~1779【キャプテン·クック Captain Cook】

詹姆斯 · 库克是大英帝国时代皇家海军的船长、制图师兼探险家。他将海图制作技术发挥到无与伦比，堪称英国海军的精神领袖。这位库克船长不论走到哪里都·要喝上一杯啤酒。航海记录中写道，他在前往夏威夷途中的短短一个月内，便将船上囤积的 4 吨 IPA（P. 33“印度淡色艾尔啤酒”）喝得一干二净。而且，他还经常把酿造啤酒的材料和器具带上船，以确保旅程中的水分补给。虽然最后死于和夏威夷原住民的纷争，但库克船长独创的啤酒酿造方法仍原封不动地传承至今。

角色【キャラクター characters】

世界各地都出现过各种喜爱啤酒的角色人物。这里就来介绍几个在漫画里总爱畅饮啤酒的可爱父亲角色。

野原广志 《蜡笔小新》

虽然美伢平时非常凶悍，但每天晚上都会为广志准备啤酒。忙完一天的工作后，啤酒变得格外好喝！

樱宏志 《樱桃小丸子》

樱家有个喜欢大瓶啤酒的爸爸。啤酒配棒球，感觉特别幸福。

毛利小五郎 《名侦探柯南》

小五郎最爱罐装啤酒和美女了，看他手里拿着啤酒，就会让人感到安心。

嘉莉・纳蒂翁【キャリー·ネイション Carrie Nation】

20 世纪初禁酒令时代的美国禁酒主义人士。她在某一天得到“神的启示”，于是开始采取破坏酒店的行动。起初嘉莉只会向店家投掷用报纸包住的石头，后来却直接闯进酒店，挥舞着斧头并大声祷告，令人闻之丧胆。而且她体格壮硕，身高 1 米 8、体重 80 公斤，对酒店老板而言根本就是一场恶梦。顺带一提，作曲家道格拉斯 · 摩尔（Douglas Moore）还将代代传颂的嘉莉人生经历写成了歌剧《嘉莉 · 纳蒂翁》。

BREWERY

京都酿造【きょうとじょうぞう】●

京都酿造株式会社（Kyoto Brewing Company，以下简称 KBC）是位于京都车站南侧住宅区的小型啤酒厂，由美国人克里斯·海恩、加拿大人保罗·斯比特，以及威尔士人本杰明·法尔克共同设立。受到美国和比利时精酿啤酒的启发，KBC 团队追求既保持传统又富有独创性、能让自己乐在其中的啤酒酿造事业。重视专业技术研究、古今交融的京都，正是能让他们酿出完美啤酒的绝佳地点，因此他们才在 2015 年成立京都酿造公司，而此时他们也早已拥有大批支持者。果不其然，京都酿造推出经典商品"一期一会""一意专心""心血来潮"系列和"比利时的美国人"后，这些名称和风味都独具特性的爽口啤酒深深掳获了大家的心。京都酿造在京都、大阪、东京、横滨都设有专卖店，但还是最推荐大家周末亲自走访啤酒厂的试饮室。

（P. 164 ～ 165 专栏"同心协力打造的精酿啤酒"）

〒601-8446 京都府京都市南区西九条高畠町 25-1
TEL：075-574-7820
https://kyotobrewing.com

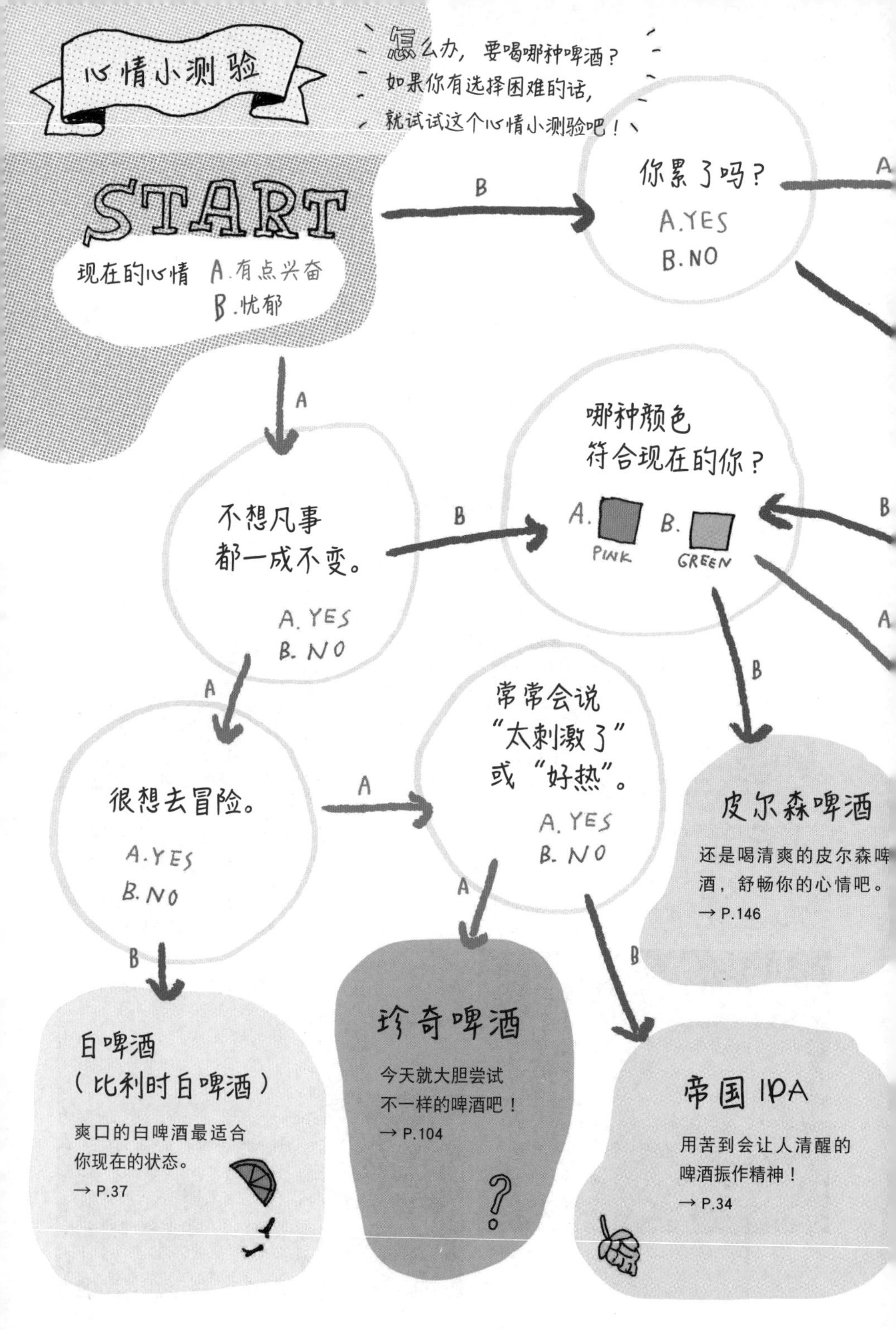
心情小测验
怎么办，要喝哪种啤酒？
如果你有选择困难的话，
就试试这个心情小测验吧！
START
现在的心情 A.有点兴奋
B.忧郁
A
B
你累了吗？
A.YES
B.NO
A
不想凡事
都一成不变。
A. YES
B. NO
B
哪种颜色
符合现在的你？
A. PINK
B. GREEN
B
A
A
很想去冒险。
A.YES
B.NO
A
常常会说
“太刺激了”
或“好热”。
A. YES
B. NO
B
皮尔森啤酒
还是喝清爽的皮尔森啤酒，舒畅你的心情吧。
→ P.146
A
B
B
白啤酒
（比利时白啤酒）
爽口的白啤酒最适合
你现在的状态。
→ P.37
珍奇啤酒
今天就大胆尝试
不一样的啤酒吧！
→ P.104
?
帝国 IPA
用苦到会让人清醒的
啤酒振作精神！
→ P.34

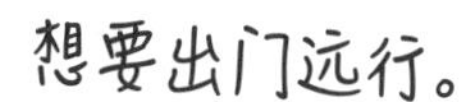

A.YES
B.NO

A

修道院啤酒

来杯传统的美味啤酒，
到中世纪欧洲神游。
→ P. 110

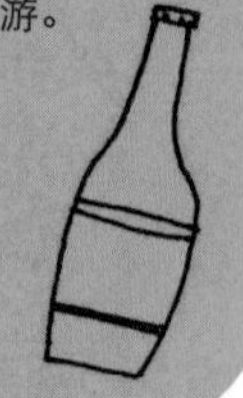

B

现在非常渴。

A.YES.
B.NO

B

波特／司陶特啤酒

让深邃的美味滋养你的内心。
→ P.158 ／ P.90

不是我自夸，
但我就是个
美食家。

A.YES
B.NO

A

A

最近失恋了。

A.YES
B.NO

IPA

让啤酒花的风味帮你振作起来。
→ P.33

B

A

小麦啤酒

小麦啤酒很适合佐餐。
不要想太多，来杯啤
酒疗愈一下吧。
→ P.36

自然发酵啤酒

用自然的力量扫去
一身的疲劳吧！
→ P.82

盐味啤酒

来首情歌，
品尝眼泪的
咸味吧。
→ P.75

麒麟啤酒【キリンビール】

从明治时代持续至今的老字号大厂“麒麟啤酒”是世界知名的日本品牌，是以日本酿造公司的名义，在 1885 年重建横滨的旧“Spring Valley Brewery”（P. 92）并借此起家的。由长崎的贸易商人托马斯·布雷克·格洛沃（P. 109）、三菱财阀和明治屋共同设立的 Spring Valley Brewery，陆续经历外商资本与外国人经营后，才正式日本化，成为麒麟麦酒公司。麒麟啤酒的起点“拉格啤酒”和“经典拉格啤酒”在全世界都广受好评。另外还有于海外贩卖的“一番榨生啤酒”以及其他多种人气名牌。

ℹ 〒164-0001 东京都中野区中野4-10-2 中野セントラルパークサウス 麒麟啤酒顾客接待室
TEL：0120-111-560（麒麟啤酒顾客接待室）
http://www.kirin china.cn

无余味【キレ】

形容酒的余味迅速消退的状态。酒后舌根清爽就是无余味，如有苦味或是其他味道残留则代表有余味。日本人非常重视酒后是否有余味，所以大厂制造的拉格啤酒多半都是不残留余味的清爽风味。

没有余味的啤酒喝起来特别舒爽

千升【キロリットル kℓ、Kiloliter】

“kl”是体积单位，相当于 1000 升（L）。在过去的日本，只要啤酒厂未能达到年间最低生产量 2000 千升，就无法取得制造啤酒的许可。不过在 1994 年修改酒税法后，标准已降至 60 千升，小型啤酒厂终于得以进入啤酒市场。

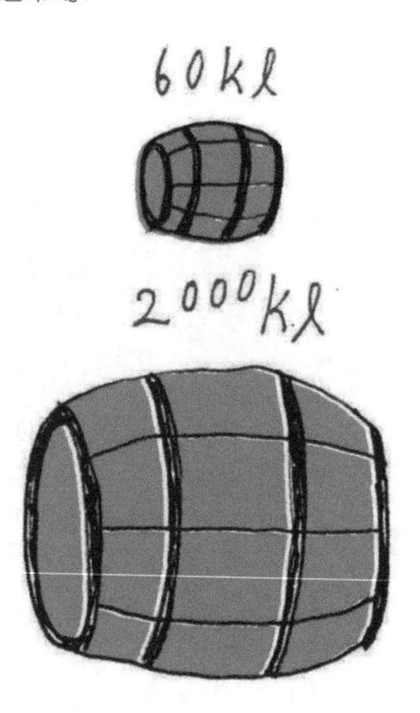

禁酒令【きんしゅほう】

禁止生产、供应、消费酒精饮料的法律。美国曾于 1920 ~ 1933 年间在全国实施禁酒令。虽然酒精饮料的制造、贮藏、运送、买卖、供应皆属违法行为，但喝酒本身并不犯法。啤酒方面，政府仅开放酿造、贩卖酒精浓度 0.5%以下的无醇啤酒（P. 113），但人们依然渴望喝到真正的啤酒，最后导致犯罪集团私自酿酒、买卖，使这个时代的黑帮及其他地下组织特别猖獗（P. 27“艾尔·卡彭”）。此外，违法经营的“地下酒吧”（P. 92）也相当普遍，据说光是在 1925 年的纽约，就有 3 万～ 10 万间地下酒吧。而且不只是纽约，其他地方的人也在持续饮酒。1933 年，因废除禁酒令而终于松一口气的前总统罗斯福也说：“现在美国最需要的就是酒了。”

STYLE

贵兹啤酒【グーズ geuze】

一种比利时的拉比克啤酒（P. 179），是将熟成 1 年与熟成 2 ～ 3 年的拉比克啤酒混合、装瓶后继续发酵而成的。虽然这种啤酒没有啤酒花的香气和风味，但野生酵母形成的酸味却很有特色。近年来虽推出不少口味较甜的混酿啤酒，不过最受欢迎的依旧是有明显酸味的原始风味。

口嚼酒【くちかみざけ】

将谷物放入口中咀嚼后吐出，使其发酵而酿造的超自然派酒精饮料，也是我们现在喝的清酒原型。唾液里含的淀粉酶（P. 26）可以分解并使谷物中的淀粉糖化，借由野生酵母的发酵作用来酿酒。在日本的祭神仪式上，会使用由巫女口嚼所制成的酒。

啤酒壶【グラウラー growler】

啤酒壶是在澳大利亚、加拿大、巴西、美国等地装运啤酒的容器，可携至啤酒厂外带啤酒，也方便将自家酿造的啤酒带往宴会或野餐。为了保护啤酒，壶身主要是用琥珀色玻璃制成的。

玻璃酒杯【グラス glass】

以前喝啤酒时都是用陶器或白镴制（以锡为主成分的合金）的单柄大酒杯饮用，为了掩饰啤酒里的悬浮物和浑浊色泽才使用这种不透明的容器。不过随着技术的进步，皮尔森与其他颜色澄澈的啤酒越来越普及，加上近代化使酒吧的灯光更加明亮，啤酒容器在转眼间全换成了玻璃材质的。玻璃酒杯不只用来欣赏啤酒的色泽、泡沫等，也为了呈现各种啤酒的特征而设计成各种特殊的形状。比利时啤酒甚至有九成以上都有专用的玻璃杯，可见玻璃啤酒杯的世界有多么深奥。

笛形杯

纵长的杯身能让碳酸更持久，可以像香槟杯一样优雅地享受啤酒泡沫。

搭配拉比克啤酒等自然发酵啤酒、勃克啤酒、皮尔森啤酒

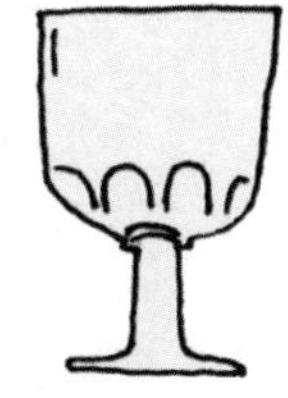

高脚杯 / 圣餐杯

这种玻璃杯从细致到粗犷的设计都有，造型琳琅满目。杯内的沟痕直达底部，可以让碳酸更持久。

搭配修道院啤酒、比利时烈性艾尔啤酒

马克杯 / 粗陶杯

又大又结实的马克杯才能爽快地干杯，适合能够让人享受畅饮快感的拉格啤酒。且保温性极佳，也适合喝冰凉的啤酒。

搭配拉格啤酒

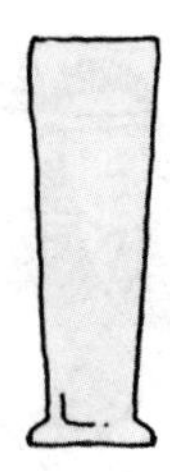

皮尔森酒杯

这种杯身高的玻璃杯最适合欣赏啤酒泡沫逐渐堆高的样子。带有杯脚的欧洲式皮尔森杯又称作 Pokal。

搭配皮尔森啤酒及其他拉格啤酒

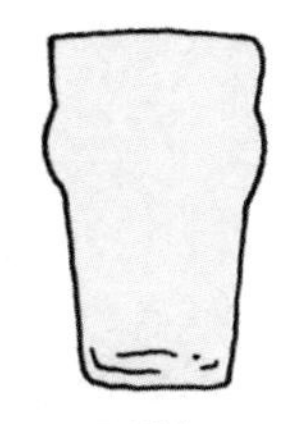

品脱杯（高球杯 / 贝克杯）

英国和爱尔兰酒吧里最常用的玻璃杯，泡沫持久性佳。英国和美国的容量有些许差异。

搭配各种啤酒

闻香杯

喝干邑白兰地和其他白兰地最常用的玻璃杯，特别适合享受酒的香气。

搭配勃克啤酒或烈性艾尔啤酒

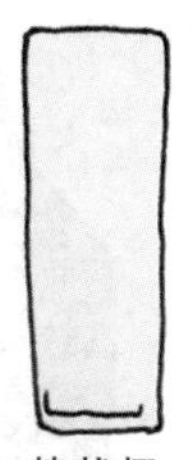

棒状杯

德国的传统玻璃杯，可衬托出细腻的啤酒风味。

搭配科隆啤酒、拉比克啤酒

郁金香杯

可同时喝到泡沫和啤酒的玻璃杯。

搭配 IPA、苏格兰艾尔啤酒

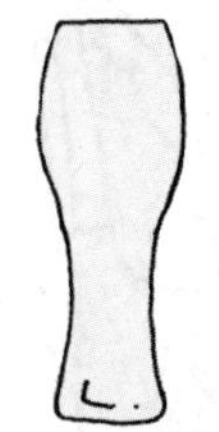

小麦啤酒杯

传统的巴伐利亚酒杯。

搭配小麦啤酒、盐味啤酒

大葡萄酒杯

这种杯子容易引出啤酒的香气，杯身曲线可以制造出细致的泡沫。

搭配比利时啤酒

单柄大酒杯

主要用金属、玻璃、陶瓷制成的传统酒杯。

任意搭配

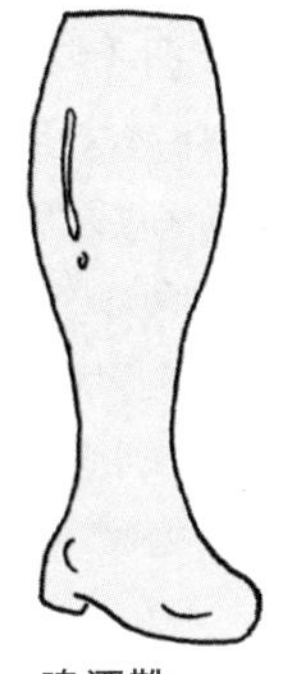

啤酒靴

以前某个将军曾和士兵约好“只要打赢战争就让你们喝一靴子的啤酒”，所以才出现这种酒杯。

搭配“胜利”的啤酒

其他奇特的玻璃杯

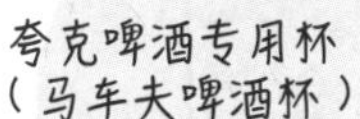

※ 据说是为了让车夫驾马车时也能喝酒才发明出来的。

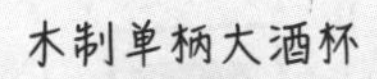

富士山酒杯

※ 造型源自维京人的号角

精酿啤酒【クラフトビール craft beer】

“Craft”是指专家进行的手工作业或其技术本身，但是“专家制造的啤酒”无法充分解释精酿啤酒的含义。根据美国酿酒商协会的定义，精酿啤酒是由“小型”且“独立”的酿造所以“传统工艺”制造的啤酒，日本则尚未有明确的定义。美国受到全新啤酒启发而研发的啤酒、以传统欧洲风格为基础的啤酒、活用日本特性和材料的啤酒——在这各式各样的啤酒中，“精酿啤酒”可以说是专家在探索啤酒潜力的同时，不断重现或改善传统与工艺的“啤酒先锋”。

（P. 83“本地啤酒”）

STYLE

樱桃啤酒【クリーク kriek】

樱桃啤酒是比利时拉比克啤酒（P. 179）的一种。传统的樱桃啤酒是用布鲁塞尔周边采到的欧洲酸樱桃（Morello）酿成的。将樱桃加入拉比克啤酒中进行二次发酵，就能增添樱桃的风味。

STYLE

奶油艾尔啤酒

【クリームエール cream ale】

这款艾尔啤酒以美国风味的拉格淡啤酒风格为基础。虽然属于上发酵啤酒，但制造时也会混入下发酵酵母和拉格啤酒。奶油艾尔色泽明亮且口感轻盈，酒精浓度通常在 4% ～ 5%，大多数都有醇郁的风味，不过有些啤酒厂会利用啤酒花或麦芽来强调特性。

谷料【グリスト grist】

谷料是指磨碎的麦芽和其他副原料的谷物。后续会加入热水做成“麦芽浆”（P. 167）。

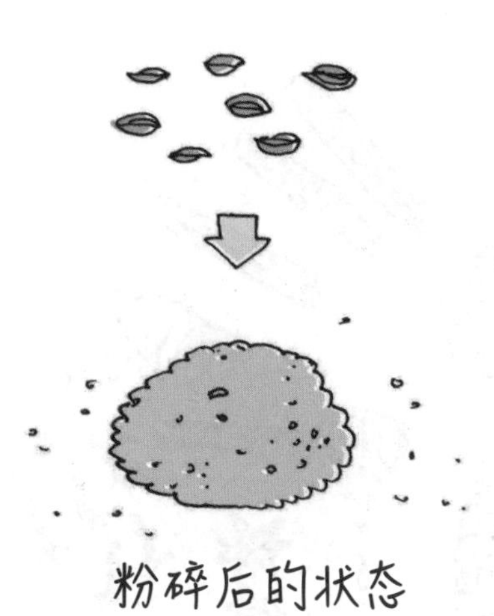

STYLE

圣诞啤酒

【クリスマスビール Christmas beer】

专为圣诞节酿造的季节限定啤酒。据说中世纪的修道院会以最顶级、酒精后劲够强的啤酒来庆祝圣诞节。其中多数都是颜色较深、酒精浓度偏高的黑啤酒，且会添加肉桂、丁香、肉豆蔻等，以及在圣诞节特别大餐里和甜点里常用的香辛料和水果。简单来说，就是圣诞节用的奢华啤酒，是自古以来始终深受人们期盼的饮品。虽然圣诞老人不会真的到来，但享受一个大人的圣诞节也不赖。

风味热啤酒【グリュービール glühbier】

即添加特殊风味的温热啤酒。风味热啤酒在日本还不是很普遍，不过我们在家也可以自行制作。虽然食谱琳琅满目，但除了酒本身以外，材料、做法都和热红酒几乎相同。只要加入香辛料、柑橘类果皮和果汁、蜂蜜或其他甜味剂，再添一点白兰地或朗姆酒，小心不要煮沸即可。有机会不妨在寒冷的季节试试看。

材料

- 啤酒花较少、麦芽风味浓郁的啤酒……2500㎖
- 橘子……3个（皮和果肉）
- 蜂蜜……½杯
- 生姜泥……2小匙
- 丁香……6颗
- 肉桂棒……3　（轻轻压扁）
- 八角……2颗
- 肉豆蔻……少许
- 波本威士忌……shot杯2杯
- 蔓越莓汁或苹果汁……shot杯2杯

做法

①将啤酒和果汁、蜂蜜倒入锅中，用中火加热，接着放入生姜。
②橘子清洗干净后剥开，将果肉放入锅中，外皮另外放在调理盆内。
③用研磨棒捣碎橘子皮，倒入锅中。
④待酒变热后，加入香辛料和1杯波本威士忌。小心别让酒精着火。
⑤搅拌均匀，等到快要煮沸时立刻转小火，维持保温状态。
⑥温热1小时后，倒入剩下的波本威士忌。先试喝看看，再依喜好酌量添加波本威士忌、蜂蜜或香辛料调味。
⑦过滤掉香辛料，趁热饮用。

格鲁特【グルート gruit】

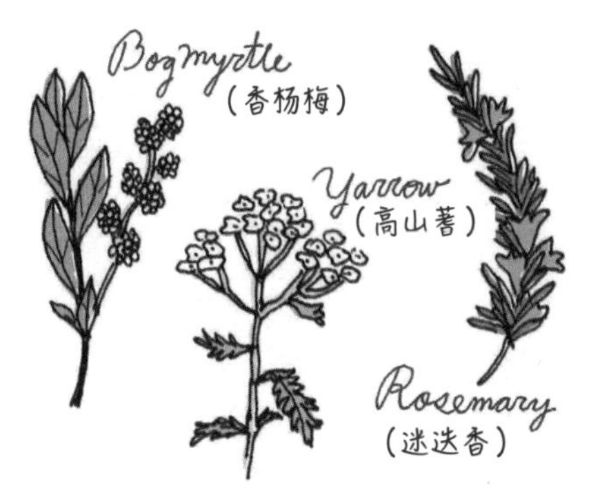

在使用啤酒花酿酒前最普遍的酿造用香料，主要是替啤酒增添风味而调制的香草。主要基底有香杨梅、高山蓍、迷迭香 3 种香草，再添加刺柏种子、生姜、茴芹籽或肉豆蔻来提味。直到 15 世纪，用啤酒花酿造啤酒的技术推广至全欧洲后，格鲁特才逐渐消声匿迹，甚至已彻底被遗忘。不过，由于现代人追求具有特色的啤酒，使用格鲁特的啤酒似乎又有复苏的迹象。

黑啤酒①【くろビール】

深色的啤酒通称为“黑啤酒”，并不是指啤酒的“风格”。根据日本啤酒商品相关规范，“原料中含有深色麦芽的深色啤酒”都属于“黑啤酒”。这个定义与酵母和风味无关，只是单纯将使用深色麦芽制造的深色啤酒全部归类为黑啤酒。简单来说，凡是黑色的啤酒都叫“黑啤酒”就对了！黑啤酒的风格有波特啤酒、司陶特啤酒、德国黑啤酒和烈性浓啤酒等等。

无麸质饮食【グルテンフリー gluten-free】

麸质是指小麦、裸麦、大麦所含的蛋白质，大多数面条、面包、饼干都含有麸质。有一种免疫性疾病称作“乳糜泻”，只要病人摄取麸质，免疫系统就会将其误判为有害物质并攻击小肠，所以有些乳糜泻患者无法喝啤酒。无麸质啤酒主要是使用不会引发免疫反应的材料酿造的，像是小米、米、高粱、荞麦粉、树薯（P. 59）、玉米等。由于亚洲许多地区都是以米为主食，所以麸质的问题不太广为人知，但在常吃小麦和大麦的西方国家，会生产包括啤酒在内的各种无麸质食品。

格瓦斯【クワス kvass】

格瓦斯是一种用黑面包或裸麦面包发酵酿成的东欧饮料，颜色因使用的面包而异。格瓦斯和啤酒一样含有碳酸，但酒精浓度通常不到 1. 2%，因此在俄罗斯并不属于酒精饮料。另外还有添加草莓、苹果等水果风味的格瓦斯，也有使用薄荷或其他香草酿造的格瓦斯。

啤酒桶【ケグ keg】

用来贮藏、运送或配给啤酒的圆筒状容器，主要材质是不锈钢，铝制酒桶比较少见。顶部只有一个开口，里面会伸出一条名为“酒矛”的细管，将氮气和二氧化碳输入桶内，利用其产生的压力抽出啤酒。最近也出现了一次性（免回收）的新型塑料啤酒桶，构造与传统啤酒桶不同，不会让啤酒接触到气体。这样一来，不仅可避免啤酒变质，容器本身也很轻巧，而且用完就可丢弃，相当卫生，优点多得不胜枚举，因此颇受注目。

歌德 /1749～1832【ゲーテ Goethe】

约翰 · 沃尔夫冈 · 冯 · 歌德（Johann Wolfgang von Goethe）是德国最具代表性的大文豪，据说他喜爱德国黑啤酒（P. 84）更胜于一日三餐。当年认识他的政治家威廉 · 冯 · 洪堡的著作里便提到“歌德既不喝汤，也不吃肉和蔬菜，他只靠啤酒和赛麦尔（德国小圆面包）便可生活。他一大清早就会喝一大杯啤酒”。偏食到这种程度也算是一种帅气了，让人不禁匪夷所思：歌德明明是个酒鬼，却能留下这么多不朽名作。但换个角度想，或许正是德国黑啤酒为他带来了源源不绝的创作能量吧。（P. 170 ～ 171“名言”）

作品很黑暗
所以啤酒
当然也要
喝黑的

BEER COLUMN

健康与啤酒

文：大泽萌香

虽然我是一位营养师，但是我超爱喝甜甜的烧酒苏打。每个人身边应该都有这种人，嘴上说着“吃甜食会胖”，手上却拿着啤酒，或是担心痛风而改喝烧酒和威士忌之类的蒸馏酒。明明对身体健康很在意，却又老爱喝酒。

实际上，长期喝酒会对身体造成什么影响呢？这里就来讨论一下大家总是因为害怕而避之不谈的话题，也就是喝酒发胖以及导致痛风的原理吧。

首先，很多人以为单纯喝酒不会胖，但其实1克的酒精大概会产生7大卡，和奶油没什么分别。而且，酒精还有促进合成中性脂肪的作用，即便是口味不甜的酒，只要浓度高，也能强力促进合成中性脂肪。如果再加上下酒菜，肥胖的要素就一应俱全了。

很多人都有“啤酒＝痛风”的观念，痛风源自嘌呤代谢后生成的尿酸。啤酒的嘌呤含量以食品而言不算特别高，但在酒精饮料中却名列前茅。话说回来，嘌呤到底是什么？各位可以回想一下在中学学过的知识。嘌呤包含在细胞核中的核酸部分，换言之，细胞数量越多的东西，嘌呤含量越高。倘若摄取过多嘌呤，尿酸就会生成过量；尿酸要是来不及排出，就会导致血液中的尿酸值上升并积存于关节等部位，造成痛风。也就是说，光是不喝啤酒，只要还是爱吃动物肝脏和鱼卵的话，根本无法预防痛风。即使改喝其他酒类，也阻止不了酒精的利尿作用，会导致尿液大量排出、体内水分减少，血液中的尿酸浓度随之攀升，结果依然会引发痛风。

人体因细胞单位而拥有复杂的代谢渠道，并借此活动，如果执着于同一套饮食方法，会使身体机能失调。凡事皆不可“过度”，均衡且适量地摄取各种食材，搭配运动，才是走向健康的捷径。身为营养师的我，每一天都能切身体会这个真理。

大泽萌香／Moica Ohzawa

现居神户，营养管理师。在大学专攻营养学，特别关心饮食、运动等健康领域的事情。目前任职于供餐公司，努力为医院和养老院提供营养餐食。最爱的食物是担担面和芝士蛋糕。

科隆啤酒【ケルシュ Kölsch】

位于莱茵河畔的科隆是德国的第四大城市。科隆啤酒即发源自科隆，是一款风味微苦但顺口的淡色艾尔啤酒。当地人一般用 200 毫升（mℓ）的细长棒状杯喝科隆啤酒，由于容量较少，往往一下子就会喝完，但酒吧都会擅自为顾客续杯，所以大可尽情喝个够！这种啤酒是科隆的骄傲。在德国，非科隆当地酿造的啤酒都不能算是“科隆啤酒”。但是在日本，会生产“科隆啤酒”的啤酒厂，通常也会制造“老啤酒”（P. 30）。其实老啤酒源自德国杜塞尔多夫，这座城市与科隆互为劲敌，据说两地人无论如何都不愿意喝对方生产的啤酒。不过对此毫不知情的日本人却会将科隆啤酒和老啤酒“和乐融融”地摆在酒架上。

也有这种方便的
专用端酒盘

原麦汁浓度【げんばくじゅうのうど】

又可称作糖度，是标示麦汁糖度的数值，英语称之为“original gravity”。酵母分解糖类后，会生成酒精和二氧化碳。日本的啤酒原麦汁浓度在 11% ～ 12%，只要数 字升高，酒精浓度也会攀升。如果采用低浓度麦汁，即可酿成淡啤酒。

酵素【こうそ】

酿造葡萄酒、啤酒等酒精饮料时，需要可被酵母分解的糖类。因为酿啤酒时不使用葡萄酒所用的葡萄，所以要把酿造原料，也就是大麦中的淀粉和蛋白质转换成糖，就得有淀粉酶和蛋白酶之类的酵素才行。

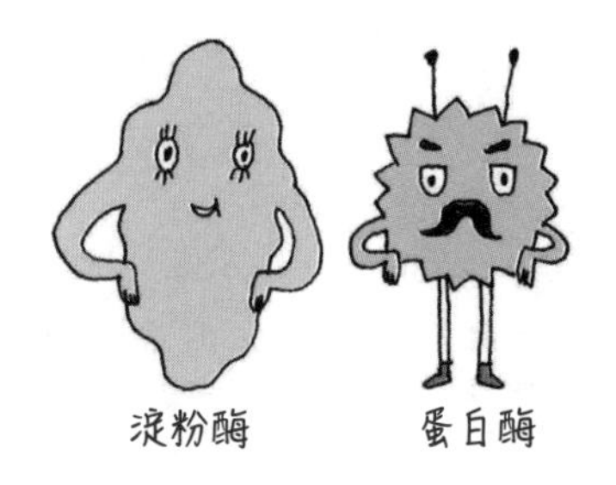

酵母【こうぼ】

在日本，“酵母”一词其实是明治时代引进啤酒酿造技术时才出现的用语。它是长度 5 ～ 10 微米的微生物，也是让啤酒、各种食品及工艺品“发酵”的幕后推手。自人们开始酿造啤酒以来，酵母就肩负着发酵的任务，然而在科学家路易·巴斯德（P. 180）发现酵母之前，没有人知道发酵的原理。发酵食品由酵母一手促成，其种类多如繁星。单就啤酒酵母而言，大致可分为上发酵酵母、下发酵酵母以及野生酵母。附带一提，无过滤啤酒底部堆积的物质就是酵母，比较容易在瓶装啤酒中发现。这种物质称作“沉淀物”，至于是要摇匀后再喝，还是保持沉淀的状态饮用，则因啤酒的种类而异。

BREWERY

COEDO【こえど】

COEOO 原本是 20 世纪 70 年代开始在埼玉、川越从事有机农业的商社，在 1980 年下半年，为了维护健全的土壤而栽培麦子作为绿肥，同时也尝试使用这种麦子酿造啤酒，才研发出精酿啤酒品牌 COEDO。由于川越生产的麦子不敷使用，这家公司便改用非正统的原料番薯，但成功酿出了啤酒。在啤酒产业中就是会发生这种意外之喜。COEDO 的原创啤酒“红赤 -Beniaka-”，是用名字相当气派的“武州小江户川越产金时萨摩芋红赤”酿成的，特色是偏红的琥珀色以及香甜的风味。在一年一度的 COEDO 啤酒祭上，大家可以在音乐、艺术和歌舞中尽情享受啤酒和美食。

〒350-1150 埼玉县川越市中台南 2-20-1
TEL：049-244-6911

STYLE

盐味啤酒【ゴーゼ gose】

这种啤酒源自德国的莱比锡，是使用了盐和乳酸菌酿成的罕见风格，为谷料中含 50%～60% 小麦的无过滤小麦啤酒。特色是有清爽的酸味、明显的香菜风味与啤酒中难得一见的盐味。有些人还会为了掩盖酸味而特意添加水果糖浆再饮用。

苦瓜啤酒【ゴーヤードライ】

苦瓜啤酒是用苦瓜汁酿成的啤酒，由位于冲绳县的海利欧斯酿酒厂推出。特色在于啤酒花和苦瓜的苦味层次分明，以及蓬松丰满的泡沫。

STYLE

黄金艾尔啤酒

【ゴールデンエール golden ale】

→ P. 154“金色艾尔啤酒”

浓醇【コク】

指味道的深度、丰富程度。没有偏重特定的口味，基本的五味（酸、甜、苦、鲜、咸）都恰到好处，是感到滋味醇郁时会使用的形容词。关于日语“浓醇”（koku）的词源有两种说法，一是“浓郁”（koi），另一则是“酷”（koku）。有些人会用香醇来形容啤酒的酒体，但这种说法除了形容味道以外，也包含口感在内，反而有些模棱两可。所以建议还是把香醇当作个人感受，而非固定的形容词。从喝酒的经验中慢慢体会它的奥妙吧。

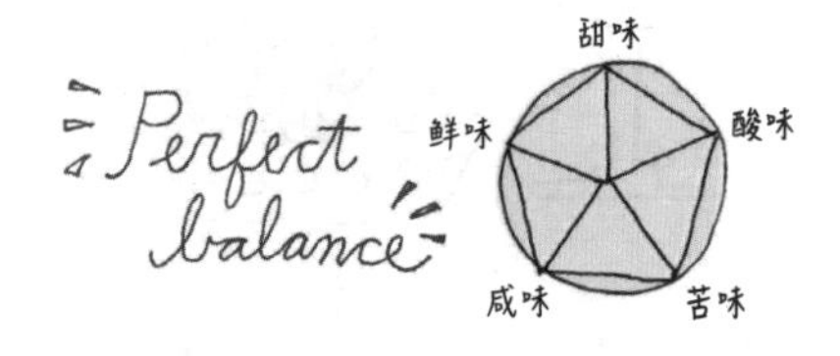

古埃及【こだいエジプト】

古埃及文明非常重视啤酒，甚至会用“啤酒和面包”构成代表“食物”的象形文字。相传啤酒是古埃及最重要的神奥西里斯与妻子伊西斯传给法老的饮料。当时，啤酒也能当作通货使用，因此在建造巨大金字塔（P. 146）时，工人能领到啤酒作为报酬。古埃及啤酒的酿法是先将高质量的大麦泡水发芽后磨碎，再揉成面团烤成面包，等面包烤至半熟时，便撕碎丢入瓮中，用热水泡开，再加入嫩草煮沸后，使其自然发酵。据说这道工艺正是现在酿造啤酒的技术基础。想不到我们现在所喝的啤酒，也和古埃及息息相关。

儿童啤酒【こどもびいる】

这是小朋友也能喝的啤酒，基本上就是碳酸饮料，当然不含任何酒精。包装是复古的小玻璃瓶，只要倒进酒杯里，不论是色泽还是泡沫，都像真正的啤酒，味道近似瓜拿纳牌汽水与苹果苏打。想要模仿大人喝啤酒的小朋友，或是无法喝啤酒的成年人，都可以轻松享受这款饮料。

BREWERY

KONISHI啤酒【こにしビール】

由创业自 1550 年，位于兵库县伊丹市的小西酿酒厂所生产的啤酒。由于小西酿酒厂进口比利时啤酒，因此酿造的啤酒也以比利时风格为主。KONISHI 啤酒追求的不是“口感顺畅”，而是“细心品味”。重现日本幕末第一杯啤酒风味的“幸民麦酒”，正是其旗下的商品（P. 56“川本幸民”）。

〒664-0845 兵库县伊丹市东有冈2-13
TEL：072-775-0524

小麦【こむぎ】

从人类起源开始，小麦便是备受珍重的食材。大约在公元前 6700 年，人类就已经开始栽种小麦，并会制作面粉。据说在 11 世纪左右，各地已零星出现用小麦酿造的啤酒，但实际上直到中世纪以后，啤酒才逐渐普及。

（P. 36“小麦啤酒”、P. 37“白啤酒”）

米【こめ】

世界各国都会用米作为副原料来调整啤酒的状态，而日本因为拥有清酒文化，用米当作原料来酿造啤酒的比例要更高。一般而言，用米可以酿出口感干净清爽的啤酒，以清酒酿法为理念基础酿造啤酒或是在酿造过程中使用名牌米、古代米等各种日本独特的啤酒酿造技术目前仍在持续进化中（P. 115“清酒”）。

科罗娜【コロナ Corona】

科罗娜是墨西哥的啤酒品牌，为淡色的拉格啤酒。复古造型的透明瓶身里装着金黄色的澄澈啤酒，口感相当清爽，在艳阳高照的夏季饮用能充分解渴。饮用时也能将切瓣柠檬塞在瓶口，可以增添风味。科罗娜其实是美国进口量最高的啤酒，也是日本最多人喝的进口啤酒。这款啤酒原本专为墨西哥劳动阶级打造，所以价格非常便宜。自从美国开始流行墨西哥菜后，科罗娜因瓶身设计与爽快的口感广受好评，才一跃成为世界知名品牌。因为实在太热门了，促使墨西哥许多酿酒公司另外生产同类型的啤酒，试图一较高下，但终究不敌其压倒性的人气。

ⓘ http://corona-extra.jp

酒【さけ】

→P. 115“清酒”

BREWERY

札幌啤酒【サッポロビール】

1876 年以“开拓使麦酒酿造所”的名义在土质适合栽培大麦和啤酒花的札幌起家，并于翌年 1877 年推出冷制“札幌啤酒”。“自 1876 年创业以来，札幌啤酒亲自为啤酒原料‘育种’，全球只有我们是自行栽培大麦和啤酒花的啤酒制造商。”（摘自官网）其主力商品之一是黑标生啤，特色是拥有完美均衡的麦芽风味和清爽余味。顶级惠比寿啤酒其实也是札幌啤酒的旗下品牌之一。

❶ 顾客中心
〒150-0013 东京都涩谷区惠比寿 4-20-1
TEL：0120-207800

STYLE

酸啤酒【サワービール sour beer】

酸啤酒是用野生酵母和菌种刻意酿出的酸味啤酒的总称。主要生产于比利时，代表形式有拉比克啤酒、混酿啤酒以及弗兰德斯红色艾尔啤酒。以前的除菌技术没有现代高超，所以啤酒中多半都混入了细菌和野生酵母。现在制造酸啤酒最常用的是乳酸菌、酒香酵母以及酱菜当中也含有的片球菌。用野生酵母酿造酸啤酒不仅困难，而且大多需要长时间的发酵和熟成，必须历经数年才能完成。

萨缪尔・亚当斯 /1722～1803

【サミュエル·アダムズ Samuel Adams】

美国建国之父。他生长于宗教和政治狂热的家庭，是哈佛大学毕业的模范生，但其实他是在酿酒、报社事业失利之后才投身于独立运动的。毕生都奉献给政治的亚当斯是个稳重又优雅的人。虽然他本身和啤酒没什么关联，不过波士顿知名啤酒品牌“萨缪尔·亚当斯”却是以他命名的。

BREWERY

Sankt Gallen【サンクトガーレン】

位于神奈川县的啤酒厂，名称取自瑞士邻近德国边境一带的圣加仑修道院（Sankt Gallen）。起因是岩本社长在旧金山接触到一款啤酒后，发现它与常见的皮尔森截然不同，深深迷上了其风味，于是便从 1994 年开始在旧金山学习啤酒酿造技术，并于归国后的 2002 年独自成立了这家公司。Sankt Gallen 虽然秉持“艾尔一贯主义”，但除了黄金艾尔啤酒和琥珀艾尔啤酒等经典商品以外，也特地为不爱苦味的人研发了以苹果、菠萝或黑糖为副原料的“甜点啤酒”，还会向消费者提供适合的饮用与搭配建议。

〒243-0807 神奈川县厚木市金田 1137-1
TEL：046-224-2317
http://www.sanktgallenbrewery.com

三大发明【さんだいはつめい】

如今这个时代，不论什么季节、人在何方，都能喝到世界各地的啤酒。这要归功于与啤酒近代化息息相关的“啤酒科学三大发明”。

①低温杀菌法（巴氏消毒法）

这种技术是以 60℃～ 80℃加热 15 ～ 30 分钟，以便将液态食品中的杂菌，尤其是会造成腐败的细菌彻底消灭，以稳定食品的品质、延长保存期限。是法国生物学家路易·巴斯德（Louis Pasteur）为了提升本国啤酒的品质，努力钻研出的成果。从 1866 年开始，葡萄酒、啤酒和乳制品制造业慢慢导入这项技术，市面上才出现了可常温保存、长距离运送的啤酒商品。

这些食品都会经过低温杀菌

②吸收式冷冻机

在酿造和贮藏时，下发酵啤酒必须处于低温的环境。以前的人会使用大量冰块，费尽千辛万苦降低温度；直到 1873 年，德国工程师卡尔·冯·林德（Carl von Linde）发明了“吸收式冷冻机”，才使在任何季节、任何地区都能酿造啤酒。

③纯粹酵母培养法

丹麦生物学家埃米尔·克里斯蒂安·汉森（Emil Christian Hansen）在嘉士伯研究所（P. 49“嘉士伯”）成功萃取、培养了最适合酿造啤酒的酵母。这项创举使得优质酵母得以自由运用并大量生产。

三明治【サンドイッチ sandwich】

我们有时会突然很想吃三明治。

虽然三明治是简单的轻食，不过只要搭配恰当的啤酒，也能成为小小的奢侈一餐。

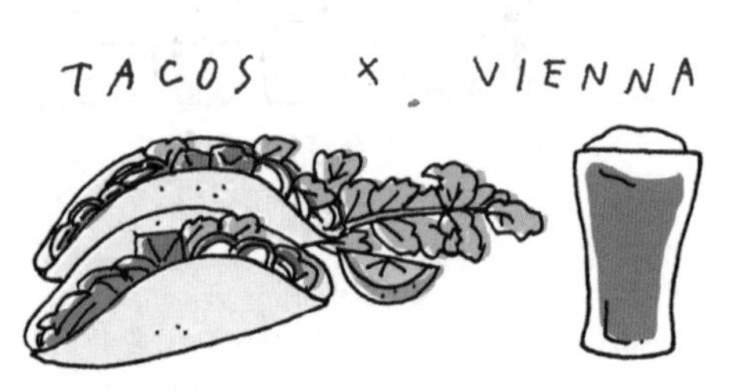

墨西哥塔可 × 维也纳啤酒

从奥地利传到墨西哥的维也纳啤酒滋味深邃，和新鲜的墨西哥塔可堪称绝配。啤酒的醇郁可以舒缓香菜和香辛料的刺激口感。

越南法式三明治 × 小麦啤酒

醋腌蔬菜的酸味和富有果香的清爽啤酒非常搭配。这套组合能让人顿时暑气全消，也很推荐带去野餐。

烤乳酪三明治 × 香迪

熟成过的浓郁乳酪与香迪所含的柠檬水或姜汁汽水是经典搭档，简单的三明治被衬托得更美味。

BLT × 司陶特啤酒

司陶特的香醇可以衬托培根的鲜味，让普通的三明治变得豪华起来。

汉堡 × IPA

配料丰盛的汉堡与 IPA 的清新苦味相得益彰，让人一口接一口停不下来。

BREWERY

三得利【サントリー】

三得利始于1899年鸟井信治郎在大阪开设的“鸟井商店”。三得利从葡萄酒的酿造买卖起家，之后才着手开发现在已是世界知名的威士忌蒸馏技术。第二代社长佐治敬三在1963年投入啤酒产业之际，曾一度撤出啤酒业界的信治郎对他说出了“勇往直前吧”这句名言。日后，三得利积极生产生啤酒以及100%麦芽的顶级啤酒。现在的招牌商品“顶级生啤酒”拥有啤酒花的丰富香气，滋味令人心旷神怡。

http://www.suntory.co.jp/

BREWERY

日维茨【ジヴィエツ Zywiec】

日维茨啤酒厂在1856年设立于当时奥匈帝国治下的波兰的日维茨。招牌商品是用国产啤酒花、麦芽、优质山泉水酿成的轻拉格啤酒。第二次世界大战后，日维茨酒厂国有化，1990年则被喜力公司收购。现在，日维茨已成为波兰啤酒的象征，是波兰人民的骄傲。

www.zywiecusa.com

酸败【さんぱい】

酸败是指啤酒腐败后变酸的状态，是发酵、熟成和贮藏中的啤酒受到微生物污染后整桶报废的可怕现象。以前的人并不知道微生物的存在，管理技术又比现在落后，酸败的风险往往是酿酒师挥之不去的恶梦。即便是现代，只要贮藏条件不佳，依然会引起酸败现象，特别是无过滤的生啤酒。因此千万不可大意，贮藏啤酒一定要多费点心思。

BREWERY

内华达山脉酒厂

【シエラ・ネバダ・ブルーイング・カンパニー Sierra Nevada Brewing Company】

内华达山脉酒厂距离纵贯美国加州东部的内华达山脉开车约1小时远，由于公司团队是因喜爱户外运动而创立的，便以最爱的登山地点为品牌命名。这间酒厂的实力足以占据美国精酿啤酒界的龙头宝座，自1979年创立以来，便以生产淡色艾尔啤酒和IPA为主，追求复杂的风味，是在美国精酿啤酒风潮初期抢得先机的先驱。其商标图案是清新自然的风景，始终坚持酿造有益环境的啤酒。

http://www.sierranevada.com

BREWERY

志贺高原啤酒

【しがこうげんビール】

志贺高原啤酒厂位于志贺高原山麓，是 1805 年创业的酿酒厂玉村本店株式会社旗下的啤酒厂。这款在丰饶自然环境中酿造的啤酒，使用了自家栽培的啤酒花、酒米、麦芽、蓝莓、覆盆子和杏。大家可直接在网络上订购这个充满大自然恩惠的啤酒，也能走访玉村本店的清酒酿造厂，品尝清酒并在附设画廊欣赏日本画。在上林温泉地区还设有直营酒吧兼餐厅“THE FARMHOUSE”，步行 15 分钟即可到达。

〒381-0401
长野县下高井郡山之内町大字平稳 1163
TEL：0269-33-2155

美索不达米亚啤酒【シカル Sikaru】

古代巴比伦的苏美尔人所喝的啤酒，是将捣碎的大麦面包泡入热水后搅拌、自然发酵而成的。这种加热大麦、使淀粉糖化的做法，与现代的啤酒酿造法基础完全相同。

自然发酵啤酒

【しぜんはっこうビール】

用自然界的野生酵母（P. 175“野生酵母”）酿造的啤酒就是自然发酵啤酒，最具代表性的是比利时生产的“拉比克啤酒”（P. 179）。大多数自然发酵啤酒都会使用细菌，所以带有酸味，香气也与众不同。如此酿出的啤酒成品会因环境和酵母状态而异，不易管控，无法预测结果，所以鲜少有人生产。

半打【シックスパック six pack】

半打的英文 six pack 并不是指 6 块腹肌，而是指 6 瓶或 6 罐为一组的包装。在英语系国家参加派对时，只要说“我会带半打啤酒过去”，会给人一种很会办事的感觉。

本地啤酒【地ビール】

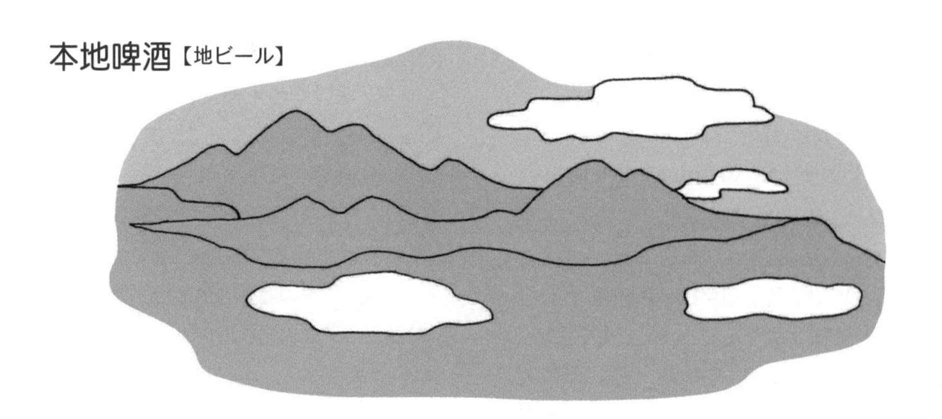

～"本地啤酒"等于"精酿啤酒"吗？～

1994 年，日本修正酒税法（P. 85）以后，开放小规模的啤酒酿造业，成为"本地啤酒"与之后的"精酿啤酒"的发展契机，大大震撼了日本啤酒史。法案修正之初，便出现了许多制造商，用当地材料酿造啤酒作为伴手礼，以振兴地方经济。这种试水的"本地啤酒"逐渐推广至各地，使酿造所的数量顿时突破了 300 家。

然而，这个时期酿造的啤酒当中，虽然也不乏由追求高质量的厂商推出的商品，但更多只是以"伴手礼"为导向，既不要求品质，也无意发展有别于其他厂商的特色，更何况使用当地材料、产量也低，导致啤酒的价格居高不下，根本无法与经营百年的大厂所推出的便宜拉格啤酒抗衡。因此，这些好不容易成立的小型啤酒厂又陆续倒闭，令人不胜唏嘘。但就在此时，美国掀起了精酿啤酒风潮，推动独创啤酒生产，而这股潮流正好漂洋过海，逐渐渗透日本。

大约从 2010 年开始，日本出现了第二波"本地啤酒热"。这股浪潮大大提升了一群追求啤酒广度、深度的酿酒师的"精湛手艺"，以及身为专家的骄傲。正因如此，日本才会进而用"精酿"一词，来区别大家以往对"本地啤酒"的印象。不过对于力求特色的精酿啤酒产业而言，"地方"特征仍是相当关键的元素。而且，精酿啤酒的发展毕竟始于本地推广，旨在拥有一起"喝酒的人"与"喝酒的场所"，所以当地的特色非常重要。换言之，"精酿啤酒"可以说是一种"本地啤酒"，否则也没有其他更适合的词了，两者同样都重视地方性和独创性，就这一点来看，它们的本质可谓完全相同。

自酿啤酒【自ビール】

指自己酿造或在家酿造的啤酒。在日本，未经许可私自酿造酒精浓度 1%以上的酒，属于违法行为。

石膏【ジプサム gypsum】

一种可将软水变成硬水的材质。

BREWERY

岛根啤酒株式会社

【しまねビールかぶしきがいしゃ】

位于日本国宝名城松江城堀川河畔的“松江堀川当地啤酒馆”内，从事啤酒酿造销售业务，旗下品牌主要是松江赫恩啤酒。这间酒厂将英国、德国、爱尔兰的传统啤酒风格改良成适合日本人的口味，与当地食材非常搭配。他们以绝无仅有的独到眼光，推出许多吸引顾客的产品，像是专为情人节限时酿造、带有生巧克力风味的长期熟成啤酒“Chocolat No. 7”，以及用岛根酒窖的清酒米曲与清酒酵母为原料酿出的宛如浊酒的啤酒（发泡酒）“大蛇”等。岛根啤酒沉稳复杂的滋味，深深掳获了许多人的心。

〒690-0876 岛根县松江市黑田町509-1
TEL：0852-55-8355

腌肉

【シャルキュトリー charcuterie】

Charcuterie 是法语，为所有加工肉制品的总称，除了在专门的法国餐厅供应，也可以作为一般酒吧和餐厅的开胃菜或下酒菜。主要是由火腿、香肠、肝酱、肉冻组成，原料多半是猪肉，偶尔也会用鸭肉或猎捕的鸟兽肉制作。专门制作这种加工肉制品的厨师被称作“charcutier”，他们会用当地食材和独门香辛料，做出可以完全展现肉质鲜味的保存食品。建议搭配葡萄酒或精酿啤酒一起品尝。

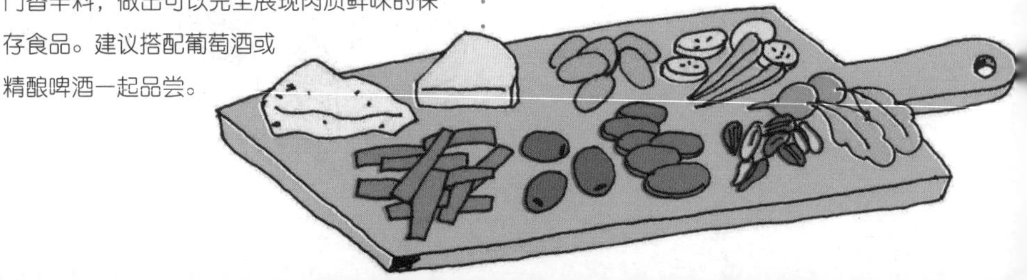

STYLE

德国黑啤酒

【シュヴァルツビール schwarzbier】

Schwarzbier 是德语，意即“黑啤酒”。黑啤酒没有特定的特征，比起酒体给人的厚重感觉，其实口感要稍微轻一些，并不像波特和司陶特啤酒那么强调高温烘焙的麦芽风味，喝起来出乎意料的清爽。最适合在想喝清爽的啤酒，但又要求深层风味的时候饮用。

修道院【しゅうどういん】

要求人们遵守圣本笃定下的戒律、集体过着祷告与劳动生活的天主教设施。修道院的原则是“自给自足”，所以自古以来就会为了外销或内用而自行制造葡萄酒、啤酒、面包和奶酪。隶属特拉普修道会联盟的修道院酿造的葡萄酒和啤酒，就称作修道院葡萄酒、修道院啤酒（P. 110），以高质量广受欢迎。在多人共同生活的修道院里，大家无法拥有私人财产，必须严守戒律。在这样的生活环境中喝到的啤酒，肯定格外美味。

熟成【じゅくせい】

啤酒与威士忌、烧酒之类的蒸馏酒不同，基本上要趁新鲜饮用。虽然有些啤酒会进行二次发酵，有一段“熟成时间”，但普遍都只需要 1 个月左右。长期熟成不仅费工，还需要高难度的技术，因此只有部分传统啤酒会这么做。不过由于现代人追求有特色的啤酒，所以桶酿（P. 136）啤酒和熟成数年的啤酒，如今也越来越容易取得了。

酒税法【しゅぜいほう】

日本将酒精浓度在 1%以上的饮料视为“酒类”，而管控酒类的法律即为“酒税法”。日本在 1994 年修正部分酒税法规范以后，正式揭开精酿啤酒史的序幕。在此之前，啤酒厂的年度生产量至少要有 2000 千升，才能取得制造啤酒的许可；法案修正后，标准便降至 60 千升，开放少量生产，因此各地纷纷出现了以地方发展为主的啤酒厂。日本的啤酒类饮料可分为“啤酒”、“发泡酒”（P. 134）和“第三类啤酒”（P. 96），每一种课征的酒税都不同。例如：1 罐 350 毫升装的啤酒的酒税额为 77 日元，发泡酒为 47 日元，第三类啤酒则是 28 日元。但现在，所有啤酒类饮料的酒税额已预计统一为 55 日元（2020 年 3 月）。

烈性啤酒【シュタルクビア starkbier】

Starkbier 为德语，意即“烈啤酒”，指原麦汁浓度（P. 74）较高，也就是酒精浓度高、烈且浓郁的啤酒。德国将原麦汁浓度超过 16%的啤酒全部归类为烈性啤酒。勃克、双倍勃克、冰酿勃克皆属于此类。

克劳斯・施多特贝克/1360～1401

【クラウス・シュテルテベッカー Klaus Störtebeker】

施多特贝克是北欧著名的海盗。其姓氏“施多特贝克”（Störtebeker）在低地德语中就是“一口喝干马克杯”的意思。相传施多特贝克无论哪一种啤酒都能一口气喝掉 4 升。然而，像他这样无敌又应该有男子气概的海盗，最后还是难逃被逮捕并处死的下场。不过他的事迹仍流传了下来，甚至成为啤酒商品的名称，对他而言也算是一种救赎吧。

啤酒纯酿法【じゅんすいれい】

1516 年，威廉四世在巴伐利亚公国颁布了一条“啤酒原料仅限大麦、啤酒花与水”的法律，是世界上最古老的食品条例。他是为了矫正不当酿造啤酒的歪风，并维护面包的生产、防止小麦和裸麦用于酿造啤酒，才实施了这条法令。当时的警察执法相当严格，凡是违法的啤酒，一律无条件没收，但也不免让人质疑，警察是否会在没收当天偷开宴会喝掉这些酒。

当时，巴伐利亚地区只有贵族有特权使用小麦酿造小麦啤酒，因此小麦啤酒才有“贵族啤酒”之称。然而，最初的啤酒纯酿法其实漏掉了一种相当重要的啤酒原料，那就是“酵母”。如果没有酵母，麦汁放得再久也不会变成啤酒。在颁布啤酒纯酿法 35 年后，“hefe”，也就是“酵母”才终于被列入啤酒原料。但“酵母”究竟是什么？直到很久以后，大家才终于解开这个谜团。啤酒纯酿法在巴伐利亚统一为德意志帝国后仍持续为人民所遵守，不过到了 1993 年，这条法律却成了非关税壁垒，变得不合法。此后，原本饱受限制的多种副原料得以解禁。即使如此，德国至今仍有许多啤酒厂重视质量和传统，持续遵守啤酒纯酿法。

乔治・华盛顿/1732～1799

【ジョージ·ワシントン George Washington】

美国第一任总统。他也以爱喝啤酒闻名，据说在大选前的造势活动中，华盛顿还用葡萄酒、汽水以及啤酒招待过支持他的选民。在总统任期内，他常用银器盛啤酒佐餐，相当风雅。而且他在故乡的维农山庄里，除了有农场和蒸馏所，还拥有啤酒酿造所。退休后，华盛顿便在山庄里以农耕度过余生。成就了丰功伟业、衣锦还乡后，喝到的啤酒想必也特别美味吧。

酿造【じょうぞう】

酿造是指用酵母使液体发酵，制成酒精饮料或调味料等食品的工程。不只是啤酒和葡萄酒，酱油和醋同样是“酿造”出来的产品。虽然酒可以分为“酿造酒”和“蒸馏酒”，但“蒸馏酒”也需要先经过酿造，再通过煮沸、气化来提高酒精浓度，并去除杂质才能完成。

湘南啤酒【しょうなんビール】●

于 1872 年创业的熊泽酿酒厂所生产的啤酒。湘南啤酒继承了德国的传统酿造法，原料使用精选麦芽、啤酒花和丹泽山脉的地下水，是一款无过滤、无加热处理，活酵母的纯粹鲜酿啤酒，须冷藏保存，并在制造日期起 120 日内饮用。

❶ 〒253-0082 神奈川县茅崎市香川 7-10-7
TEL：0467-52-6118

小冰河期【しょうひょうがき】

小冰河期的确切时期不详，推测大约是在 14～19 世纪，主要出现在北半球。虽然温度与现代只有几度之差，但影响却很深远，对人类生活造成了极大的不便。北欧的农作物栽培不如预期，导致饥荒不断发生；许多土地的葡萄园也因此荒芜，有些原本习惯喝葡萄酒的地区，便不得不改喝啤酒和蒸馏酒。所以，小冰河期也算是让啤酒文化渗透至北欧的一个契机。

上发酵【じょうめんはっこう】

上发酵是指在发酵过程中，由浮在啤酒表面、形成层次的上发酵酵母进行的发酵作用。用上发酵制成的啤酒，就称作“艾尔啤酒”（P. 40）。可以在 18℃～25℃的常温下发酵，发酵速度比下发酵更快，可以轻松酿好啤酒。相对于中世纪才发明的下发酵啤酒，上发酵啤酒可以说是自古以来大家熟悉的啤酒大前辈。

BEER COLUMN

女子

文：濑尾裕树子

“先来杯啤酒！”大家举起大酒杯豪迈干杯，让一口气喝下的啤酒滋润摆脱领带束缚的干渴喉咙——这正是日本人最经典的喝酒情境。然而，我们享受啤酒的方式就只能这么单调吗？

放眼全世界，有成千上百种啤酒和酿造所，喝啤酒的方法也千差万别。反观日本的啤酒却有九成都是皮尔森啤酒，尽管风味会因制造商而异，但基本上都只是单纯为日本闷热的夏天消暑酿造的，或是在大啖居酒屋料理时，用来消除口中的杂味。我很好奇，究竟有多少人可以在喝啤酒时，自信十足地宣称自己确实品尝了啤酒的风味呢？

即便在这样的日本，我还是想推广更多种类的啤酒，借此向大家提供更多姿多彩的喝酒情境。因此，我才会成立与啤酒相关的媒体，从事写作、取材、调查的工作。在此之前，啤酒商品多半是以男性的角度提案，我会用不同的观点，以女性为主要对象来进行写作和编辑。

资料收集得越多，我就越能体会到每个女性对啤酒的喜好大相径庭。这就好比打扮的风格，有人喜欢保守的衣服，有人爱穿有女人味的裙装，也有人会依当天心情做不同的装扮，各有千秋。因为工作的关系，经常有人问我：“女孩子喜欢哪种啤酒啊？”这种问题未免也太不识相。“女人就爱这种口味的啤酒吧？”“这种口味最适合女性。”如果你是会说这种话的男人，我要告诉你，这种思维就跟“女生都爱粉红色”没什么两样，而且这种男人肯定不受欢迎！

顺带一提，从 20 岁到 40 岁，会喝啤酒的女性在日本就有 1730 万左右（啤酒综合研究所调查）。总不可能这 1730 万人全都喜欢白啤酒（P. 89）吧！不论男女，大家都有各自喜好、各自偏爱的啤酒，难道你不希望可以在这个世界，用更多不同的方式，更尽情开怀地畅饮啤酒吗？

濑尾裕树子／Yukiko Seno

作家兼编辑，曾任职于精酿啤酒制造商，积极推广多种啤酒及相对应的喝酒情境，同时也是网络杂志《啤酒女子》的创刊总编辑。目前活动已拓展至所有饮食领域，担任“Table for Tomorrow”的负责人，从事餐饮指导的工作。2016 年 6 月创办新款啤酒的网络杂志 *beerista. tokyo*。

啤酒杯【ジョッキ】

日语的啤酒杯读作 jokki，源自英语的“jug”，意指附把手的壶。据说是在幕末误用的外来语，后来积非成是，成为固定用词，在日本专指用来喝啤酒的马克杯。日本大厂的拉格啤酒主要都是用这种啤酒杯饮用。小杯的容量通常是 200 ～ 300 毫升，中杯是 350 ～ 500 毫升，大杯则有 700 ～ 800 毫升。附带一提，在英语系国家要是讲出“jokki”，会让人以为是说“骑师”（jockey），所以这个词在那里的酒吧无法通用。

白啤酒【しろビール】

和“黑啤酒”一样，“白啤酒”也不是指啤酒的风格，单纯是指用小麦酿造的浅色啤酒，例如小麦啤酒。

（P. 36“小麦啤酒”、P. 77“小麦”）

姜汁汽水

【ジンジャービール、ジンジャーエール ginger beer，ginger ale】

姜汁汽水是添加生姜风味的碳酸饮料。“Ginger beer”在英语中称作“黄金风格”，颜色微浊，生姜辣味明显；而“ginger ale”则称作“淡色风格”，色泽透明，滋味温润。以朗姆酒为基底的“黑风暴”（Dark and Stormy）及其他多种鸡尾酒中都会添加姜汁汽水。现在两者主要都是无酒精饮料，不过它们的前身是用水、砂糖、生姜、名为“姜汁汽水菌种”的酵母与菌丛一起发酵制成的酒精饮料。现在也有少数地方会制造含酒精的姜汁啤酒。

琴酒热【ジン·クレイズ Gin Craze】

发生在 18 世纪英国的悲剧，主要事发地在伦敦。琴酒是用麦子和马铃薯制成的蒸馏酒，市民大量饮用琴酒的“琴酒狂热时代”，就称作“琴酒热”。当时，琴酒的消费量在一般市民和生活困苦的贫民之间突然暴增，导致犯罪事件和失业者层出不穷，街头乱象丛生。政府为了解决这个状况，便大幅调高琴酒税，并鼓励民众改喝“健康”的啤酒。（P.142 ～ 143“啤酒街与琴酒巷”）

苏格兰【スコットランド Scotland】

提到苏格兰，大家都会联想到花呢格纹（日本常见的格纹图案）和苏格兰威士忌，但事实上，据说超过 5000 年的啤酒历史也是其很重要的特色。苏格兰早在新石器时代就已经会酿造用蚊子草增添风味的艾尔啤酒；到了中世纪，则是按照凯尔特人的传统酿造法，用香草提升啤酒苦味。啤酒花经由英格兰传入后，苏格兰开始积极从各地进口啤酒花，大量用于酿造啤酒。苏格兰最有名的独特风格是苏格兰艾尔啤酒，不过当地也会酿造 IPA、司陶特等其他许多种类。

STYLE

苏格兰艾尔啤酒

【スコティッシュエール、スコッチエール Scottish ale 、Scotch ale】

苏格兰艾尔啤酒按字面意思，就是苏格兰传统的艾尔啤酒，多半带有明显的麦芽特性。按酒精浓度可分为 Light、Heavy、Export、Strong。此外还有更重口的“苏格兰出口型艾尔啤酒”（Scotch ale），浓度更高，酒体的麦芽风味更明显，色泽近似纯黑。它又称作“Wee Heavy”（有点重），是比较接近大麦酒（P.130）的风格。

STYLE

司陶特啤酒【スタウト stout】

“Stout”的意思是“强烈”，原本泛指所有高酒精浓度的啤酒。但由于健力士以英国传来的波特啤酒为基础酿成的“司陶特”目前已普及至世界各地，所以现在它已成为独立的啤酒风格。司陶特是用高温烘焙的麦芽和大麦，以上发酵法酿成的“黑啤酒”。最具代表性的是健力士生产的干性司陶特，其他还有各式各样的司陶特啤酒。以下就来介绍部分产品。

干性司陶特

不加糖、不甜的啤酒。又称作爱尔兰司陶特啤酒。

巧克力司陶特
使用烘焙成巧克力色的麦芽酿造的司陶特啤酒。可以尝到些许可可风味。

牛奶司陶特／奶油司陶特
在酿酒桶里添加乳糖（P.115）的甜味司陶特啤酒。卡路里也偏高（P.169）。

牡蛎司陶特
原本是指搭配牡蛎饮用的司陶特啤酒，后来却出现了真正使用牡蛎酿造的啤酒，于是才称作牡蛎司陶特。基本上只会使用外壳。

帝国司陶特
→ P.35

燕麦司陶特
在糖化过程加入燕麦的司陶特啤酒。燕麦可以让口感更滑顺，特色是有其他司陶特啤酒尝不到的甜味。

STYLE

蒸汽啤酒

【スチームビール steam beer】

蒸汽啤酒普遍生产于 19 世纪中叶到 20 世纪中叶，大胆采用需要低温酿造的拉格啤酒酵母，在加州温暖的气候下以室温酿造而成。这种类型的啤酒曾一度濒临消失，后来复苏并蜕变成现代蒸汽啤酒，后者别名为加州日常啤酒。蒸汽啤酒诞生于没有冷藏技术的时代，是淘金热时期的矿工聚集在美国西岸之际才开始酿造的啤酒，所以给人一种便宜货的印象，甚至还曾经因为皮尔森式拉格啤酒的流行而陷入停产的危机。所幸，弗里茨·梅塔格（P.151）收购了濒临破产的铁锚酿酒公司，在他的努力之下，蒸汽啤酒才得以重生并改良得更加好喝。1981 年，铁锚酿酒公司为这种酿造方法制成的啤酒注册了“蒸汽啤酒”的商标。

吸管【ストロー straw】

创造古代美索不达米亚文明的苏美尔人会用吸管喝啤酒。用吸管大口喝含碳酸的酒精饮料，或许会让人觉得味道有点苦。不过当时的啤酒是装在开放式容器内的，碳酸早已挥发了不少。当时的客人须自备吸管前往酒店，贵族甚至还会使用黄金材质的定制吸管。据说为了让死去的人在天堂也能喝啤酒，苏美尔人会在下葬时将死者喜爱的吸管一同纳棺陪葬。

香辛料【スパイス spice】

现代用啤酒花酿造啤酒的技术已经非常普遍，不过过去多半是使用有特殊风味的香辛料和香草混合而成的“格鲁特”（P.71）来酿造，像是刺柏、生姜、葛缕子种子、茴芹籽、肉豆蔻、肉桂等，不仅能增添风味，还有保存啤酒的作用。自啤酒花普及以后，用香料酿的啤酒便消失了，不过在现代的精酿啤酒风潮中，似乎又有复苏的迹象。现在，市面上也有使用烟熏辣椒、番红花、香草、可可、四川花椒等特殊材料酿造的新世代香料啤酒。

STYLE

香料啤酒【スパイスビール spiced beer】

泛指所有添加香辛料的啤酒。除了常见的南瓜啤酒、圣诞啤酒或是使用了肉豆蔻、肉桂的啤酒之外，也有添加其他香辛料的啤酒类型。

地下酒吧

【スピークイージー speakeasy】

地下酒吧又称作“blind pig”（瞎眼猪），是在禁酒令时代的美国开设的秘密酒店。虽然现代会以地下酒吧来指称当时营业至今的复古酒吧，不过 speakeasy 这个词原本是取“低声细语”的含义，用来指称非法营业的酒吧；而“blind pig”一词，则是来自酒吧或沙龙收费展示动物，并免费提供酒水的营业手法。在禁酒令时代酿造的“地下酒吧啤酒”不使用麦芽，而是用米或黄豆酿成的，轻盈的口感也广为大众接受。附带一提，只要到纽约东村走一趟，就会找到藏在热狗店电话亭里的地下酒吧入口。前往美国时，不妨专程去看看这类历史悠久的地下酒吧。

BREWERY

Spring Valley Brewery①

【スプリングバレーブルワリー】

Spring Valley Brewery 是威廉·科普兰（P.37）在 1870 年于横滨设立的酿造所。由于他是从涌泉丰富、适合酿啤酒的山谷起家，所以才取了这个“涌泉山谷”的名字。由于科普兰与同事、啤酒酿酒师埃米尔·维根打官司而失去经营资金，加上啤酒厂风评不佳，Spring Valley 在 1884 年破产，不过后来旧址由日本酿酒公司（麒麟啤酒的前身）接收。

BREWERY
Spring Valley Brewery ② ●
【スプリングバレーブルワリー】

由 2015 年成立的 Spring Valley Brewery 株式会社经营的自酿啤酒吧，为麒麟啤酒的子公司，拥有保留了科普兰啤酒厂风貌的横滨店、代官山东京店以及京都店共 3 间店铺。店内供应只要 1300 日元就能喝到 6 种啤酒的套餐以及适合搭配啤酒的丰富餐点。

SVB YOKOHAMA（横滨）
〒230-0052 神奈川县横滨市鹤见区生麦 1-17-1 麒麟啤酒横滨工厂内
TEL：045-506-3013

SVB TOKYO（代官山店）
〒150-0034 东京都涩谷区代官山町 13-1 ログロード代官山内
TEL：03-6416-4975

SVB KYOTO（京都店）
〒604-8056 京都市中京区富小路通锦小路高宫町 587-2
TEL：075-231-4960

斯佩耳特小麦【スペルトこむぎ】

斯佩耳特小麦是一种古代谷物，为现代使用的小麦原种。因富含蛋白质，所以鲜少被用作啤酒原料，不过偶尔会用来为啤酒提味。

运动酒吧【スポーツバー sports bar】

运动酒吧内设有可以观看体育赛事的大型屏幕，可播放体育频道等，让顾客观赏足球、橄榄球、棒球等各种运动比赛。这种酒吧的形态相当多元，像是设有台球桌、乒乓球桌，并供应精酿啤酒等等，在世界杯等大型赛事期间会特别热闹。

STYLE
烟熏啤酒
【スモークビール smoked beer】

烟熏啤酒是所有采用烟熏方式焙燥麦芽而酿成的啤酒总称。烟熏的风味会因产品而异，有些啤酒的烟熏味非常强烈。最著名的是德国烟熏啤酒“Rauchbier”（P.178）。

低酒精啤酒

【スモールビール small beer】

低酒精啤酒是指过滤麦汁后，用剩余的酒糟酿出的第二道麦汁啤酒。在中世纪或是独立前的美国，没有安全水源的地方都会酿造这种酒，且广为平民饮用。以第二道麦汁酿的啤酒酒精浓度低，味道较淡且容易腐败，基本上酿造后就要马上饮用。另外，在同一时代用树皮、树根、香草和莓果酿成的各种类似啤酒的饮料，也称作“small beer”。

BREWERY

天鹅湖啤酒

【スワンレイクビール Swan Lake Beer】

天鹅湖啤酒厂成立于1997年，位于瓢湖旁五头山麓的越后富农五十岚宅邸内。这座啤酒厂坚持使用越后名水，主力商品是以当地新潟越光米酿成的“越光啤酒”。特色是麦芽无法酿出的轻盈爽口风味，为常态啤酒商品中唯一采用下发酵法酿制的啤酒（拉格）。

〒959-1944 新潟县阿贺野市金屋345-1
TEL：0250-63-2000
www.swanlake.co.jp

澄清剂【せいちょうざい】

啤酒的颜色会因蛋白质和酵母而变得浑浊，澄清剂则可以去除这些杂质，酿出澄澈的啤酒。啤酒常用的澄清剂有鱼胶（P. 22）、红藻胶（P. 23）、明胶等等。

制麦【せいばく】

使大麦发芽、长出麦芽的工程。（P. 174“麦芽”）

STYLE

季节啤酒【セゾン saison】

“Saison”是法语，意指“季节”，这里代表发源自比利时法语圈（瓦隆）的传统上发酵啤酒。啤酒原本是农夫下田时饮用的，酒精浓度很低，只有3%～3.5%，一个人可以喝下约8品脱（4.5升以上）。现在的季节啤酒浓度偏高，约为7%，风味多半爽口清新，辛辣中带有果香，且富有地方或家庭特色，每一种滋味都别具风情。

社交啤酒【セッション session】

社交啤酒是指维持传统的啤酒风格，但降低酒精浓度而变得更顺口的啤酒。在第一次世界大战时期的英国，负责制作弹药的工人通常会在固定的休息时间（session）前往酒吧。他们想要可以在短时间内尽情畅饮又不至于喝醉的啤酒，于是社交啤酒因应而生。

空杯恐惧症

【セノシリカフォビア cenosillicaphobia】

空杯恐惧症是一种害怕杯中啤酒变少的“疾病”。对爱酒成痴的人而言，这种“病”实在棘手。不过反过来看，这或许是他们可以理直气壮不断续杯的借口。

圣帕特里克节

【セント・パトリック・デー Saint Patrick's Day】

圣帕特里克节源于在爱尔兰宣扬基督教的主教——圣帕特里克的忌日（3月17日）。现在，圣帕特里克节已经在爱尔兰发展成举国欢腾的盛大节庆活动，也是美国、澳大利亚及其他爱尔兰移民较多的国家的人们趁机狂欢大醉的借口。节庆中到处都充满了象征爱尔兰的绿色，甚至会用宛如哈蜜瓜汽水般绿油油的啤酒来庆祝。

开瓶器②【せんぬき】

开瓶器可用来为啤酒或其他以王冠盖密封的饮料开封。这种工具利用杠杆原理，可以顺利开瓶。不过开瓶器一旦遗失，就可能找不到替代的工具，建议使用挂在墙上的设计，会比较安心。

STYLE

黑啤酒

【ダークエール、ダークビール dark ale、dark beer】

黑啤酒是用高温烘焙的深色麦芽酿造的啤酒（P.71），最具代表性的有波特啤酒（P.158）和司陶特啤酒（P.90）。

丁二酮【ダイアセチル diacetyl】

丁二酮又称作“双乙酰”，是酵母或乳酸菌使食品发酵时生成的有机化合物，带有类似奶油的香气。奶油本身就含有丁二酮，啤酒也会因酵母种类而含有丁二酮。丁二酮过多会使口感变得黏腻，在酿好的啤酒里，丁二酮通常属于不应出现的“异味”（P.48），不过有些啤酒会特意做出带有丁二酮的风味。

闻起来一样……

无糖啤酒

【ダイエットビール sugar-free beer】

摄入过量糖类、嘌呤是肥胖和生活习惯病的根源，无糖啤酒则不含这些物质。近年来生活习惯病有逐渐增加的趋势，所以各厂商都在开发、贩卖无糖啤酒。虽然它是减肥良伴，但只要是啤酒，就毕竟还会有开胃的作用，结果还是可能导致摄取过多卡路里。现实终归是残酷的……

第三类啤酒【だいさんのビール】

第三类啤酒是为了用比“发泡酒”更低廉的价格供应，而采取不同于啤酒和发泡酒酿造法的啤酒风味饮料。可分为两种：原料不含麦芽的啤酒，及添加发泡酒和利口酒的混合啤酒，后者又可称作“第四类啤酒”。

BREWERY

大山G啤酒 ●

【だいせんじービール】

大山G啤酒生产自日本鸟取县国立公园大山山麓的久米樱大山啤酒厂。这里除了会使用大山的名水以外，还会自行栽种麦子、啤酒花、米等原料，酿造出绝无仅有的当地风味。

Ⓘ 〒689-4108 鸟取县西伯郡伯耆町丸山1740-30
TEL：0859-68-5570

酒馆【タヴァーン tavern】

酒馆和旅馆（P.32）一样，是西方国家为旅人提供餐饮和住宿的酒店。酒馆是在罗马帝国时代随着道路的开发而设立于各地的设施。在以前的英国，酒馆供应葡萄酒，旅馆则供应一般啤酒和艾尔啤酒，不过现在酒馆就相当于酒吧和酒店。

粗点心【だがし】

“粗点心”是江户时代的用语，泛指迎合儿童喜好的便宜零食。战后，粗点心在日本的发展特别兴盛，推出了各种附加玩具元素的商品。话说回来，粗点心可以当成配啤酒的下酒零食吗？我们啤酒语辞典团队马上进行了实验，使用棕色艾尔啤酒、皮尔森啤酒以及白啤酒（比利时白啤酒），搭配装盘后很美丽的粗点心，结果满足到连晚餐都忘记吃了。（大家不要学，正餐还是要好好吃。）

结论：粗点心和啤酒是好搭档！不妨试试看。比如，优雅食株式会社的“鸡汁口味贝贝星点心面”和风味扎实的皮尔森啤酒就是最佳拍档，鸡汁的鲜味会更突出。

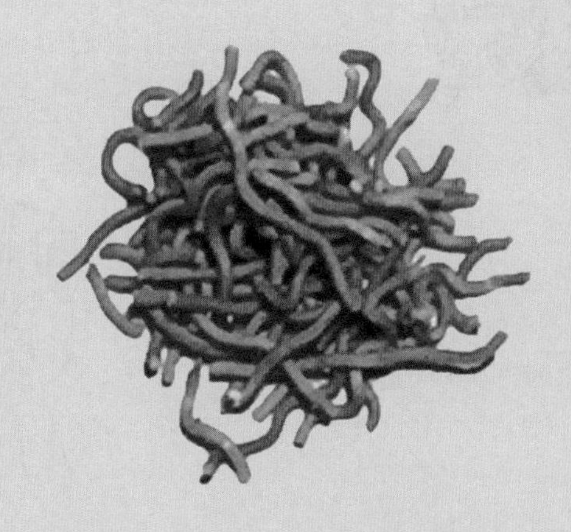

（编注：本书最早在日本出版时，曾在“粗点心”的条目下刊出了 6 种作者和团队成员认为与啤酒十分搭配的零食，但其中有 5 种现已停产。应作者要求，删除了这 5 种粗点心和相应的照片。不过，编辑认为，中国读者们完全可以参考原书的思路，尝试找出适合心爱啤酒的零食，故将被删除的粗点心的口味和与其搭配的啤酒列在这里：辣味配皮尔森啤酒，梅干味配棕色艾尔啤酒，芥末味配棕色艾尔啤酒，明太子味配皮尔森啤酒，鱿鱼味配皮尔森啤酒。）

啤酒龙头【タップ tap】

“啤酒龙头”是从啤酒桶中引出啤酒的流出口，而“桶装啤酒”（tap beer）通常是指生啤酒。在酒吧和餐厅，啤酒龙头的数量就相当于生啤酒的种类数量。

罐盖【タブ】

罐盖是指饮料罐的顶部，开罐时不需要工具，所以又称作“易拉盖”（EOE）或“留置式拉环”。在饮料罐发明初期，罐头顶部还是“平顶”，需要用工具在两侧打洞才能打开。由于这种设计很费力，而且没有工具便无法开罐，后来推出了按钮式和拉环式金属罐。到了 20 世纪 70 年代，现在常见的易拉盖在问世后便迅速普及开来。现在的饮料罐几乎都是易拉盖设计，不过偶尔回味一下复古式的拉环或平顶罐也不错。

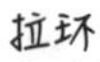

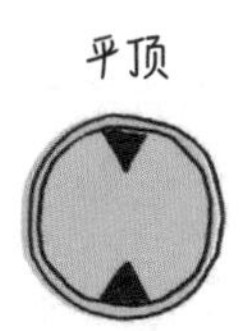

玉虫左太夫 /1823～1869

【たまむしさだゆう】

玉虫左太夫是幕末的仙台藩主。为了调查海外现状与西洋文化，他于 1860 年以书记的身份加入幕府的遣美使节团，随着美国军舰一同环游世界。出海第 12 天，船上举办宴会庆祝美国国父乔治·华盛顿（P.86）诞辰，使节团一行人首次在此尝到啤酒的滋味。对西方事物相当挑剔的左太夫在当天的日记中形容宴会里的小乐队演奏的音乐“极为粗俗”，并批评船上的餐点“臭气冲天，不合吾辈胃口”，凡事都贬得一文不值。但是，他唯独认为啤酒“尽管苦口，但足以润喉”，评价比较正面。看来他其实很中意啤酒，只是言不由衷吧。

酒桶【たる】

酒桶是存放酒类的圆筒状容器。原木桶（P.52）、啤酒桶（P.72）、桶（P.136）都是酒桶的种类。

碳酸【たんさん】

啤酒是碳酸酒精饮料，不过它的碳酸来自酿造过程中糖类分解成酒精和二氧化碳这个步骤。换言之，啤酒本身就含有天然碳酸。不过在现代，为了配合容器和啤酒形式，还会以人工方式调整碳酸的含量。

鞣酸【タンニン tannin】

鞣酸是源自植物多酚的成分，茶、葡萄酒等饮料都富含鞣酸。啤酒的原料麦芽里也含有鞣酸，只要适度调整鞣酸的含量，就能酿出很好的风味；不过一旦失败就会酿出涩味，影响啤酒的口感。

奶酪【チーズ cheese】

奶酪和饼干无疑是美味好搭档。不过仔细想想，啤酒和饼干的材料其实非常相似，所以奶酪配啤酒当然也很棒了。试着找出自己喜爱的搭配吧。

豪达或其他滋味浓郁的熟成重奶酪
×
琥珀艾尔啤酒

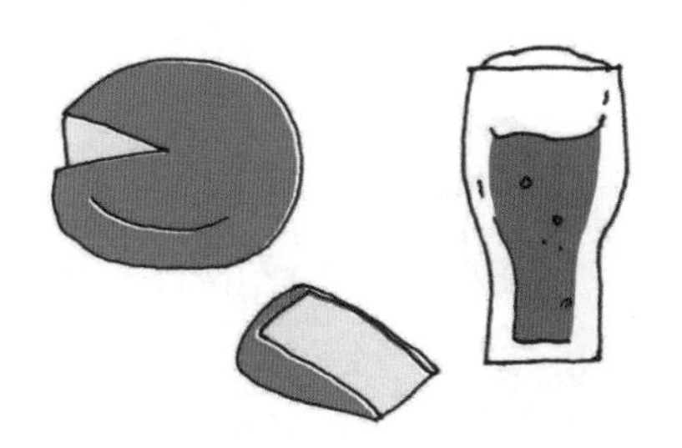

蓝纹奶酪
×
IPA 或司陶特

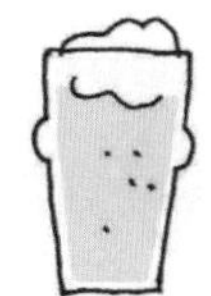

菲达或山羊等新鲜奶酪
×
小麦啤酒

捷克共和国

【チェコきょうわこく Czech Republic】

其实，捷克的年人均啤酒消费量已经连续 20 年以上蝉联世界第一。所以啤酒在布拉格甚至比矿泉水还便宜。捷克盛产啤酒的原料大麦，气候又稳定，可以酿出甘甜又清爽的啤酒。这里也是知名的啤酒花产地，世所罕见且贵重的萨兹啤酒花正是产自捷克。捷克酿造啤酒的历史已超过千年，在 1842 年皮尔森啤酒问世以后，便以皮尔森式的拉格啤酒为主力产品（P.146“皮尔森啤酒”、P.147“皮尔森欧克”）。

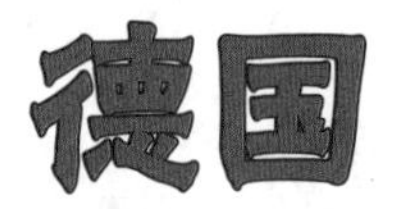

我在大学时代，从纽约千里迢迢飞到德国去见交情甚笃的朋友。

北京

为了大学暑期课程而待了一个月
每天就只知道喝啤酒

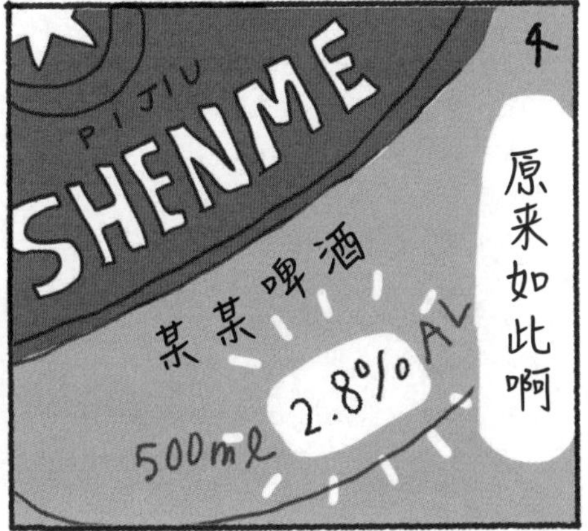

BEER COLUMN

捷克酒吧见闻

文：Juka

“想补考的人就到‘hospoda’报到。”

说这句话的是教我东欧经济政策的老师。捷克有很多“hospoda”，相当于英语的pub，就是以喝啤酒为主的餐厅酒吧。我还记得自己当年一边用大酒杯喝着老师最爱的Gambrinus啤酒，一边拼命补考拿学分。补充说明一下，在到这个啤酒大国留学以前，我从来没有喝过啤酒。与其说捷克人都爱啤酒，不如说那是他们生活的一部分，毕竟啤酒的价位比水还要便宜。我早上去大学上课，途中经过布拉格知名的露天咖啡厅时，曾经见到有个戴墨镜的老奶奶用布德瓦啤酒配早餐。没错，她就是优雅地在早晨独自喝啤酒，丝毫不在乎当时并非夜晚。

每家酒吧外一定都会摆出广告牌，写明店内供应的啤酒品牌，过客可以参考广告牌的内容，依自己的喜好决定要喝酒的地方。而且，各家酒吧的广告牌上列出的只有一种，一间酒吧大多只会供应一种品牌。我记得那位帮我补考的老师就是个“很爱Gambrinus啤酒的人”。

从偏爱的啤酒品牌和种类可以看出一个人的个性，我也常常听到别人讨论“男人就是要喝Pilsner Urquell”，或者“是Kozel才对吧”之类的话题。在捷克点啤酒时，店员一定会问“Malé？Velké？”（小杯还是大杯？）和“Světlé？Tmavé？”（淡的还是黑的？）。大多数人都是点Velké的Světlé。店员还会根据你点酒的方式给出不同的反应，像是“你还不太懂吧”或是“哦，你很内行嘛”，这也是一种趣味。身在捷克时，早上有机会不妨别点咖啡，试试用啤酒与当地人交流吧。

Juka

一个深爱捷克啤酒的女人。大学三年级到捷克做交换留学生，在布拉格住了一年，对啤酒的爱从此觉醒。曾经因为参加啤酒厂的旅行团，不小心喝了太多，结果错过飞机。现在在东京从事IT产业。

地下水【ちかすい】

地下水泛指所有低于地表的水。水越深，品质越好、越甘甜。适合酿啤酒的水会因啤酒的风格而异，有些地下水并不适合酿造啤酒。但只要选到适合的水，即可酿出好喝的啤酒。（P.168“水”）

吉开酒

【チチャ chicha】

公元前 2000 年在南美安第斯地区制造的饮料，有的含酒精有的不含酒精，并依地区拥有不同的类型，不过主要是使用玉米或是谷物等发酵而成。在印加帝国，吉开酒也会用在仪式及飨宴中招待宾客。

开瓶器②【チャーチキー church key】

英语 church key 的意思是“教会钥匙”，原本是指打开王冠盖的开瓶工具，在罐装啤酒问世后，也可以用来指称为平顶酒罐打洞的尖锐工具。现在类似的工具都通称为开瓶器、开罐器，不过自从发明出罐盖，喝罐装啤酒就再也不需要工具了。

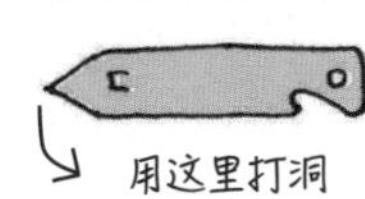

中国【ちゅうごく China】

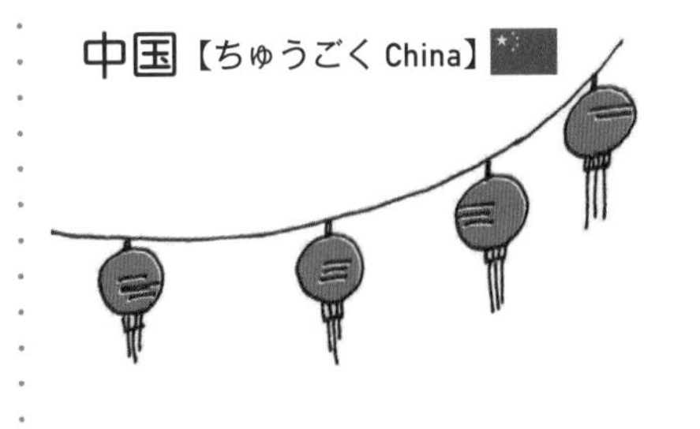

中国全国的啤酒年消费量从 2003 年开始便连续 12 年蝉联世界第一。历史悠久的中国自古以来就会用米、蜂蜜、葡萄和山楂酿出独特的啤酒。不过，随着黄酒的出现，米酿的啤酒便逐渐消声匿迹，直到 1900 年，俄罗斯人在哈尔滨首度设立酿造所，中国才又开始发展啤酒产业。当时创立的哈尔滨啤酒集团是中国最古老的啤酒厂，目前仍持续营运中。在伪满洲国时代，日本也设立了“满洲啤酒”。现在中国的啤酒大厂以雪花啤酒和德国人创立的青岛啤酒为主，不过近年来，在西方人较多的首都及其他大城市，精酿啤酒也有逐渐增加的趋势。中国运用四川花椒、辣椒、茉莉花茶、桂花等独特材料开始发展的创新啤酒文化，今后也值得关注。

STYLE

巧克力啤酒

【チョコレートビール chocolate beer】

又称作“巧克力司陶特”，使用了高温焙燥后香气十足的麦芽，并呈现出黑巧克力风味。有些巧克力啤酒会使用真正的可可豆。

低温浑浊【チルヘイズ chill haze】

低温浑浊是指只用麦芽酿造的啤酒和无过滤啤酒在过度冷藏时产生的浑浊现象。温度下降后聚集的麦芽鞣酸与蛋白质就是造成浑浊的原因。虽然只要温度上升，浑浊便会消失或沉淀于底部，让啤酒的色泽恢复透明，但低温浑浊状态下的外观不免令人排斥。

珍奇啤酒【ちんビール】

世界上有形形色色的啤酒。酿酒师以突如其来的灵感酿出的珍奇啤酒，还能再依其珍奇程度，让饮用啤酒变成等级不同的挑战。你愿意接受哪种挑战呢？

Sankt Gallen（P.79）的“嗯嗯，就这个黑”

这款啤酒是用黑象牙咖啡酿成的，利用的是大象吞下后随着粪便排出的咖啡豆。其实它的苦味和甜味都恰到好处，是非常容易入口的啤酒。

※ 现已不再销售

新比利时酿酒公司的“椰香咖喱小麦啤酒”

可同时享受由椰子的香气和多种香辛料构成的复杂风味，令人满足。

New Belgium Brewing
www.newbelgium.com

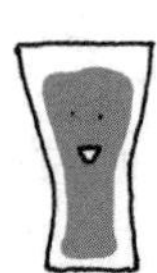
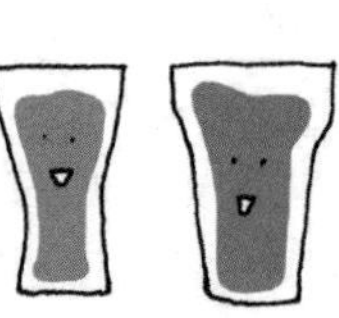

罗格酒厂的
“冷萃 2.0”

使用著名的咖啡烘焙商 Stumptown 的冷泡咖啡豆酿造的黄金艾尔。这款啤酒不但拥有强烈的咖啡风味，啤酒花和麦芽的香气也相当浓厚，组合出的效果非常惊人。

ⓘ Rogue Ales & Spirit
www.rogue.com

罗格酒厂的
“黄雪皮尔森”

这是一款以冬季为灵感的皮尔森啤酒，酿造时使用了美国西北部常见的长青树云杉的树叶。饮用时闻到的香气令人想起清冷的冬日。

ⓘ Rogue Ales & Spirit
www.rogue.com

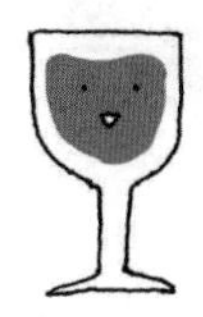
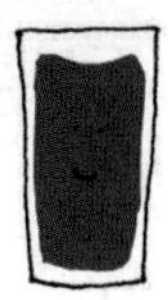
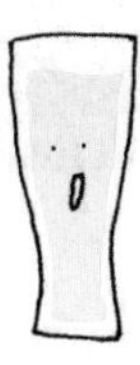

月球【つき】

月球上有个直径 9 公里的陨石坑叫作“Beer”（比尔），可能有人以为这是酷爱啤酒的天文学家取的名字，但事实上是柏林的天文学家威廉·沃尔夫·比尔（Wilhelm Wolff Beer，1797～1850）发现后以自己的名字命名的。在比尔陨石坑旁还有一个小小的“比尔 A”陨石坑。家里有天文望远镜的人，不妨一边观察“比尔”和“比尔 A”，一边享用啤酒吧。

STYLE

佐餐啤酒

【テーブルビール tafelbier】

比利时的佐餐啤酒（tafelbier）是酒精浓度 1.5%、近乎无酒精的啤酒。因为主要用来佐餐，就像在喝茶一样，所以市面上贩售的都是大瓶包装。20 世纪 80 年代以前，当地学校的餐厅里也会贩卖这种啤酒，不过自从学生开始喝无酒精饮料和水，佐餐啤酒尽管比汽水更有益人体，销量依旧每况愈下。

特卡特啤酒【テカテ Tecate】

产自墨西哥下加利福尼亚州特卡特市的啤酒，现已成为喜力旗下品牌。它是一种富有果香、喝起来也很顺滑的拉格啤酒，麦芽风味清爽，是美国畅销的进口罐装啤酒的前几名，近年来还推出了淡啤酒款。其实，墨西哥啤酒之所以习惯将青柠塞入瓶口，正是特卡特啤酒带起的风潮。这个点子来自特卡特的第一代苏格兰裔酿酒师，当时苏格兰正流行瘟疫，所以他每天都会发给祖国的船员 1 人 1 颗青柠，以提高免疫力。

ⓘ www.cuamoc.com

糊精【デキストリン dextrin】

糊精是一种酵母无法分解的多糖类，为无味的碳水化合物。经过发酵后，糊精仍会残留于啤酒中，所以如果酿酒师想要做出带果香的啤酒，就会添加多余的糊精。但由于糊精在人体内不易消化，也有不少人怀疑它就是酒后放出“啤酒臭屁”的原因。

熬煮法【デコクション decoction】

这是酿造啤酒的一种特别工艺，先取出部分麦芽浆，煮沸至酵素发挥作用以后，再倒回锅子里搅拌。在麦芽制造技术不如现在先进的时候，酿酒师为了充分引出麦芽的风味，才研发出这种方法。熬煮法不一定适合每一种啤酒，也可能需要不断重复进行，才能将啤酒酿成最好喝的状态。

设计【デザイン design】

自从啤酒可以大量生产、远距离运送以后，全世界便开始致力推动啤酒品牌化。作为一种商品，啤酒的许多元素都必须仰赖设计，像是容器造型、卷标、商标、王冠盖、广告海报等等。在日本的明治时代，啤酒作为西化运动的一环受到政府的大力推广。不论是过去还是现在，与啤酒相关的设计都是时代的象征，也是大家熟悉的潮流印象，值得玩味。

铁道【てつどう】

在明治时代的日本，啤酒之所以能普及至全国，大多要归功于新建设的铁道：车站前挂着巨大的啤酒品牌海报，餐车里也供应啤酒。而且多亏了铁道，啤酒的运送更加便利，东京以外的地区也得以开始买卖啤酒。

STYLE

深色啤酒【デュンケル dunkel】

深色啤酒是指源自德国巴伐利亚的传统深茶色拉格啤酒，其麦芽风味较浓，啤酒花苦味较淡，酒精浓度为5%～6%，特色是有香草和坚果的香甜风味。“深色”有时也会用来指酿得比原始色泽更深的啤酒，例如小麦啤酒的色泽普遍都很明亮，而颜色较深者就称作小麦黑啤酒（右上）。

STYLE

小麦黑啤酒【デュンケルヴァイツェン dunkelweizen】

即小麦啤酒（P.36）的深色版本。由于使用了高温烘焙的麦芽，所以才酿成色泽偏深的小麦啤酒。特色是富含丁香、香草、香蕉和苹果的风味。

淀粉【デンプン】

淀粉是葡萄糖聚集而成的多糖类。大麦所含的淀粉经糖化、发酵后，就会生成酒精和碳酸（二氧化碳），酿成啤酒。

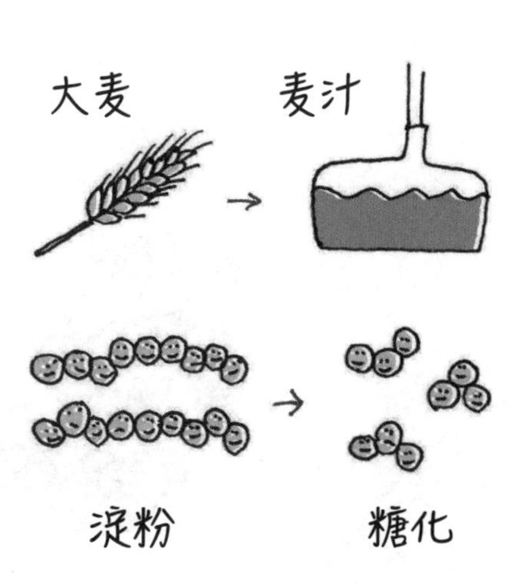

丹麦【デンマーク Denmark】

19 世纪末，嘉士伯（P.49）创办人带着下发酵酵母从慕尼黑回到祖国丹麦后，丹麦便付出极大的心力，将拉格啤酒的酿造技术推广至全欧洲。现在在丹麦虽然是以麦芽风味明显的拉格淡啤酒为主流，但人们也还是会喝麦啤及其他酒精浓度低的传统小麦啤酒。

糖化【とうか】

糖化是指将淀粉之类的多糖类进行分解的过程，是制造啤酒的重要工序。把粉碎的麦芽和温水搅拌在一起就会发生“糖化”。这道工序可以让糖类被酵母分解后，转换成少糖类，变成适合发酵的状态。

德国【ドイツ Germany】

德国堪称啤酒圣地，除了在巴伐利亚州的慕尼黑举办啤酒节（P.45）以外，也以世界啤酒花名产地之一的哈勒陶闻名。虽然“啤酒纯酿法”已在 1993 年正式失效，但德国从 1516 年起的数个世纪以来，始终还在按照这道法规酿造啤酒，可见啤酒在德国人心目中非常神圣，因此他们才能以如此认真的态度酿造高质量啤酒。德国每个村落都设有啤酒厂，当地人都喝当地酿出的美味拉格啤酒。啤酒是德国的国民饮料，也是生活的一部分。由于很重视人民喝啤酒的权利，所以啤酒的税金低廉，价格也很实惠。学校也经常带领学生前往啤酒厂进行校外教学，而且在德国年满 16 岁即可喝啤酒，因此有些校方会让学生参观后试喝。

托马斯・布雷克・格洛沃

1838~1911

【トーマス·ブレーク·グラバー Thomas Blake Glover】

格洛沃是生于苏格兰的贸易商，对日本产业近代化贡献极大。虽然他在幕末从事的是武器交易，不过到了明治时代以后，他转而从海外引进煤矿开采以及其他方面的最新技术，加速了日本的产业革命。格洛沃的功迹也包括推动啤酒产业的发展。他在科普兰（P.37）的 Spring Valley Brewery（P.92）旧址上设立了麒麟啤酒的前身——日本酿酒公司。此外，由于他很熟悉日本的市场状况，深谙引进最新技术的门道，不只为麒麟啤酒奠基，更使日本的啤酒产业蒸蒸日上。附带一提，格洛沃位于长崎的家“旧格洛沃宅”，是日本现存最古老的木制西式建筑。喜爱洋楼的人，一定要专程走一遭。

STYLE

双倍勃克啤酒

【ドッペルボック doppelbock】

指酒精浓度高的深色勃克啤酒（P.159），是以传统的烈性修道院啤酒（P.110）为基础酿成的下发酵版本，别名“Fastenbier”，意思是“四旬斋（大斋节）的啤酒”。“四旬斋”是基督教在复活节前为期 40 天的时期，也是修道士的断食期。也就是说，双倍勃克啤酒是为供神职人员在断食期间饮用而酿造的啤酒。

BREWERY

独步【どっぽ】

独步啤酒的制造商“宫下酿酒厂”是于 1915 年在冈山县玉野市成立的。旗下产品有烧酒、清酒、利口酒等各式酒类，而独步啤酒是在 1995 年 7 月推出的产品。独步一名取自厂商追求“酿造独立独步、有特色、有信念的啤酒”的精神，而“独”字在日语中又指德国，所以也代表其产品以德式啤酒居多。美味的秘密在于冈山的稳定气候、从地下 100 米抽取的旭川伏流水，以及来自德国的最高级原料。

〒703-8258 冈山县冈山市中区西川原１８４
TEL：086-272-5594
www.msb.co.jp/beer

干啤酒【ドライ dry】

日本的啤酒商品名称和广告里经常可以见到“Dry”这个词。干啤酒并没有明确的定义，通常是指添加淀粉等副原料、酒精浓度稍高、辣口且无余味的啤酒。1987 年朝日啤酒推出“Asahi Super Dry”以后，引起日本各啤酒大厂激烈竞争，这股现象就被称为“干啤酒战争”，一语道尽竞争的猛烈程度。

冷泡酒花

【ドライホッピング dry hopping】

冷泡酒花是始于英国酿酒师在啤酒发酵后、出货前，在酒桶里加入啤酒花的技法。现在则无论是在一次发酵、二次发酵还是填装酒桶的步骤，只要是等麦汁冷却后投入啤酒花，都称作“冷泡酒花”。这个方法能够避免啤酒花受热释放苦味，可以充分引出其香气和风味。

修道院啤酒

【トラピストビール Trappist beer】

修道院啤酒是隶属特拉普会联盟的修道院（P.84）所酿造的啤酒。现在以比利时为中心，全世界共有 11 座生产修道院啤酒的酿造所。修道院从中世纪开始酿造啤酒，不仅使得酿酒的技术和知识日新月异，还因其将啤酒视为圣物，而大大提高了啤酒的价值。对修道士而言，啤酒是不可或缺的营养来源，也是秉持“自给自足”的修道院筹措营运资金的手段。修道院制造的啤酒按传统的原麦汁浓度可区分为 3 种：最高级的“celia”，中等的“cerevisia”，以及用最淡的第二道麦汁酿造的“conventus”。“Celia”用于仪式或特别的时刻；“cerevisia”用作日常饮用；“conventus”则分送给乞丐和朝圣的信徒。到了现代，这些分别称作“三倍”、“双倍”和“单倍”。在修道院，“喝酒”是神圣的行为，在断食期间也可以喝啤酒，因此他们才会酿造出浓郁又富含营养的啤酒作为代餐。现在酿造的修道院啤酒，主要是在高酒精浓度的上发酵瓶中熟成啤酒，而且不会在发酵后过滤和低温杀菌，所以含有丰富的酵母、维生素、矿物质等营养来源，鲜味也很丰富。日本的百货公司或专卖店里大多可以买到修道院啤酒，用餐时务必来一瓶。

生啤酒①【ドラフトビール draught beer】

“Draught”在古英语中是“倒出”的意思，所以 draught beer 就是从桶中倒出的生啤酒（P.113）。有些类似生啤酒的罐装、瓶装啤酒商品基于市场营销考虑也会使用这个名字。

影视剧【ドラマ drama】

这里介绍一个适合配啤酒一起观赏的影视剧系列作品。

《深夜食堂》

安倍夜郎原著漫画改编的影视剧系列作品，描述在新宿的小巷内，从深夜 12 点营业至早上 7 点的食堂老板与客人之间的日常互动。食堂的菜单上只有猪肉味噌汤定食、啤酒、清酒和烧酒，不过只要把自己想吃的餐点告诉老板，他就能按当天的材料设法做出来。每个段落都诉说着客人的人生经历，老板则会端出以此为主题的单品料理，像是韭菜炒猪肝、荷包蛋、章鱼香肠、酒蒸蛤蜊等，每一道都让人想拿来下酒。老板和店内温馨的气氛散发出无以言喻的安心感，令《深夜食堂》系列成为可以纾解疲劳的暖心佐酒作品。

电影版《深夜食堂》
发行商：小学馆 / AMUSE / MBS
发售商：AMUSE SOFT

“先来杯啤酒”【とりあえず、ビール】

这是在日本应酬或是在外面点餐时经常听到的一句话。虽然这句话可以通用于日本的居酒屋，但是在德国、比利时这种啤酒多到数不完的地方，可就一点也不通了。就算想“先来杯啤酒”，也还是要考虑一下今天要喝什么吧！

STYLE

三倍啤酒【トリペル tripel】

这种风格源自 20 世纪中叶，比利时的维思马力修道院将最烈的啤酒命名为“三倍啤酒”。分三阶段酿造的修道院啤酒当中，这是原麦汁浓度最高、最烈的啤酒。传统的三倍啤酒色泽明亮，介于金黄和麦色之间，泡沫持久性佳，风味和香气偏甜，有时还会添加香辛料。

坚果【ナッツ nuts】

坚果经常用作下酒菜，不过有时候我们也会用“富有坚果香气和风味”来形容啤酒。这并不是指啤酒里添加了坚果，而是麦芽造成的风味。但近年来，市面上也确实出现了真正添加了花生、核桃、长山核桃或栗子等坚果的精酿啤酒。

啤酒工坊
【ナノブルワリー nano brewery】

小规模的啤酒厂称作小型啤酒厂，啤酒工坊则是指规模更小、私人经营的啤酒厂。顺道一提，美国的“小型啤酒厂”相较于日本的一点也不“小”，相当宽敞。所以用日本的标准来看，或许更多人会把啤酒工坊称为“中型”啤酒厂吧。

啤酒锭【なまいきビール】

啤酒锭是松山制果推出的一种粗点心。每一小袋都装有两颗类似糖果的锭剂，只要放入杯中并注入 120 毫升冰水，就能泡出像是啤酒的果汁。虽然其实就是果汁味的，不过外观和啤酒一模一样。将它倒进冰镇的杯子里当成啤酒递给别人的话，对方喝了肯定会吓一跳，简直是完美的恶作剧商品。

生啤酒②【なまビール】

生啤酒的定义因国家而异，不过在现代日本专指未经加热处理（P.79“三大发明”）的啤酒。啤酒业界曾经针对“去除酵母的非热处理啤酒”是否可归类为“生啤酒”掀起一场论战，直到 1979 年以后，才正式将未经加热处理的啤酒全都列为生啤酒。生啤酒在现代之所以普遍，全都要归功于技术人士多年的努力、微生物管理技术以及过滤技术的进步。

无醇啤酒【ニア・ビール near-beer】

Near-beer 是在美国禁酒令时代出现的，指使用麦芽制造、酒精浓度未达 0.5%的谷物饮料。因为是禁酒令时代唯一合法的商品，许多啤酒公司都是靠着制造无醇啤酒才熬过禁酒令时代的困境。

苦味【にがみ】

现代啤酒中的清爽苦味来自麦芽的烘焙程度和啤酒花。在啤酒花成为固定的啤酒材料以前，一般是使用香草或香辛料来制造苦味。现在会用 IBU（P.23）的数值表示啤酒中的苦味成分。

浑浊【にごり】

造成啤酒“浑浊”的主要是蛋白质、酵母、啤酒花以及其他香草的微粒。尤其是特定的啤酒在过度冷却后还会出现酿酒师不希望看见的“低温浑浊”（P.104）现象。在过滤技术和澄清剂已相当进步的现代，大多数人都习惯饮用澄澈的啤酒。不过事实上，现代已有不少人重拾传统的酿酒技术，日本的精酿啤酒制造商也推出了许多未经过滤的啤酒。

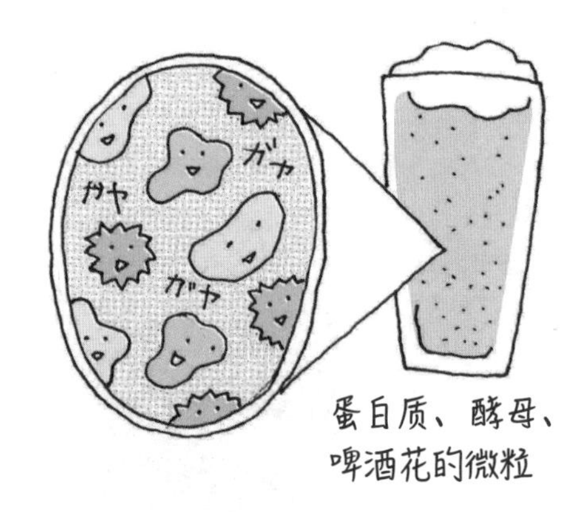

日本【にほん】

日本啤酒史始于江户时代，兰学者※首度饮用从荷兰传入的啤酒。虽然这个时期的兰学者经常相约小酌几杯，但直到 1853 年横滨开港后，让他们望穿秋水的啤酒才终于进口到日本。率先被引入日本的是英国式的艾尔啤酒，并在横滨的居留者之间流传开来。到了明治时代以后，啤酒和其他洋酒才广为民众饮用。在致力于推广啤酒的外国居留者与新培育的日本酿酒师的努力下，啤酒变得越来越普及。1873 年，岩仓使节团留学归国后，原本追求英国文化的政府开始推行德国式啤酒。此时，啤酒才终于从原本大家喝惯的艾尔啤酒转型成皮尔森式的拉格啤酒。现在的啤酒大厂之所以生产皮尔森啤酒，正是由于这个时代。较淡的苦味与清爽的口感让啤酒在日本越来越热门。酿造业的发展也蒸蒸日上，1886 年，日本国产啤酒的产量首度超越进口啤酒，进口啤酒的数量也逐渐减少。虽然啤酒在战争时期是奢侈品，但战后生产成本大幅下降，使啤酒成为大众饮料。而且，日本的拉格啤酒质量稳定，在海外也很受欢迎。1994 年“当地啤酒解禁”，日本各地开始增设小型啤酒厂，加上美国精酿啤酒的风潮跨海传入日本，让日本国内得以生产更多样化的啤酒。日本的啤酒今后也会不断地充实、进步，发展指日可待。

※“兰学”指西学，研究西方事物的学者即为“兰学者”。

清酒（日本酒）【にほんしゅ】

现代日本由酒窖生产的精酿啤酒的市场占有率约为 25%。自 1994 年修正酒税法以后，民间得以进行小规模的啤酒酿造，许多酒窖开始投身啤酒酿造业。这些酒窑采用清酒的酵母和米、用清酒的酒桶来酿啤酒，以各种方式尝试结合清酒与啤酒。酒窖因此生意兴隆，同时能促进地方发展、保护传统。在这股海外也在追求日本独特啤酒文化的风潮中，这种异业结合算是一种特色吧。

乳酸【にゅうさん】

乳酸是造成啤酒腐败的有机化合物，是要避免的，但比利时人和德国人却大胆运用乳酸的作用酿出酸味啤酒，最具代表性的有属于德国小麦啤酒的柏林白啤酒，在比利时则是拉比克啤酒（P.179）和几种比利时白啤酒（P.37）。由于啤酒添加乳酸后不易调整发酵程度，所以即便是同一品牌的啤酒，酿出的成品也会因时期或年分而有所差异，但这也是品酒的乐趣之一。附带一提，“乳酸菌”是分解糖类、制造乳酸的微生物总称。

乳糖【にゅうとう/ラクトース】

“乳糖”（lactose）是指酵母无法吸收的糖类，添加乳糖的啤酒可以酿出微甜的风味。常用于“牛奶司陶特啤酒”（P.169）。

纽约【ニューヨーク New York】

纽约的啤酒产业发展特别精彩。近年来这座城市掀起的精酿啤酒风潮与其说是全新的潮流，不如说是早在殖民地时代就已出现的啤酒“文艺复兴”。当时，移民的到来同时为美国啤酒史揭开了序幕。1830 ~ 1840 年，有大批德国移民涌入纽约。到了 20 世纪 50 年代，曼哈顿和布鲁克林到处都设立了制造拉格啤酒的酒厂。虽然在 20 世纪上半叶，美国全境都深受禁酒令的重大冲击，但近年来随着“当地啤酒”的传统复苏，纽约重新开始生产的拉格啤酒再次受到大众的注目。

在京都，可以喝到精酿啤酒的酒吧、居酒屋越来越多了。以下介绍几间休闲时可以轻松喝到日本精酿啤酒的店家。

这里可以喝到不定期更换的十种桶装啤酒。梦幻的马铃薯沙拉和香肠都很好吃！在开放式设计的店内能充分享受度假般的气氛。

BUNGALOW

〒600-8481 京都府京都市下京区四条堀川东入柏屋町15
TEL：075-256-8205 www.bungalow.jp
公休日：周日 营业时间：周一～六 15:00～2:00

小巧别致的明亮店内挤满了许多经常光顾的酒客，热闹非凡。顾客年龄层很广，每个人各自畅饮自己喜爱的啤酒。

除了有10种桶装啤酒以外，还提供健力士啤酒。以酒吧的手艺水平而言，这里的醋鲭鱼非常可口！店面亮丽的蓝色也很美丽。

BEER PUB TAKUMIYA

〒604-0836 京都府京都市中京区押小路东洞院西入船屋町400-1
TEL：075-744-1675 http://hitosara.com/0006054730
公休日：没有 营业时间：16:00～24:00

BEER Komachi

〒605-0027 京都府京都市东山区八轩町 444
TEL：075-746-6152 beerkomachi.com
公休日：周二　　营业时间：周一～五 17:00～23:00 / 周六、日 15:00～23:00

这座位于古川町商店街的工业风格时髦店铺其实是在町家基础上装修而成的。温馨的气氛引人入胜。

备有7种桶装啤酒，可搭配每日特选生鱼片或季节料理一起享用。

鸭川

京都府京都市

鸭川是京都的灵魂，别忘了在河畔喝酒也能十分幸福。前往便利商店或酒店买几罐自己喜爱的啤酒，在鸭川一边欣赏河岸美景，一边放松畅饮啤酒，心情也愉悦了起来。

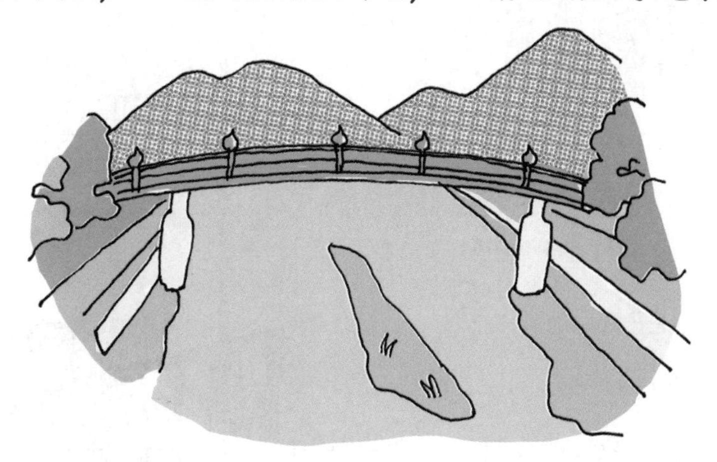

纽约是座历史悠久的城市。在这座融合许多种族和文化的城市中探索新啤酒简直乐趣无穷！虽然热门酒吧也不赖，不过这里要推荐几间可以尽情畅饮啤酒的私房好去处。

SPUYTEN DUYVIL

ⓘ 359 Metropolitan Ave, Brooklyn, NY
TEL：(+1) 718-963-4140
www.spuytenduyvilnyc.com
公休日：没有
营业时间：周一～五 17:00～2:00 / 周六 13:00～2:00 / 周日 12:00～2:00

位于布鲁克林威廉斯堡的精酿啤酒吧。除了啤酒以外，奶酪、腌制肉品也很丰富。

纽约禁止在公园和河边饮用酒精饮料，但这家店最棒的一点就是开放后院供人喝酒！四周尽是爬满常春藤的砖墙，让人忘却自己置身于熙攘的大街上。

想要外带啤酒的话，来这里就对了！店内酒架上满是多到数不清的啤酒，还有桶装啤酒，随时小酌一杯也无妨。可以自备啤酒壶外带回家。

GOOD BEER

ⓘ 422 E 9th St, New York, NY
TEL：(+1) 212-677-4836
www.goodbeernyc.com
公休日：没有
营业时间：周一～五 12:00～22:00 / 周六 11:00～22:00 / 周日 12:00～19:00

LEDERHOSEN

39 Grove St, New York, NY
TEL：(+1) 212-206-7691
www.lederhosennyc.com
公休日：周一
营业时间：周二～六 16:00～24:00 / 周日 13:00～22:00

这是可以尽情享受德国啤酒和香肠的啤酒屋，价格也相当实惠！描绘巴伐利亚阿尔卑斯美景的恬静壁画也很迷人。

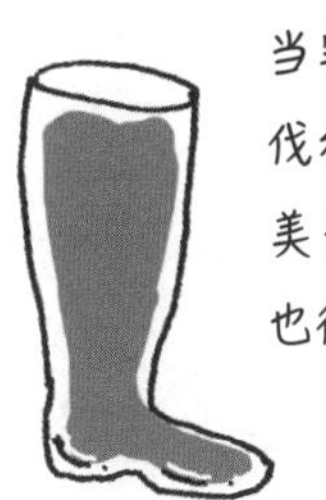

还有啤酒靴酒杯哦。

ROCKAWAY BREWING CO.（TAPROOM）

46-01 5th St, Long Island City, NY
TEL：(+1) 718-482-6528
rockawaybrewco.com
公休日：没有
营业时间：周一～三 17:00～21:00／周四 15:00～21:00／周五 15:00～22:00／周六 12:00～22:00／周日 12:00～21:00

415 Beach 72nd St, Arverne, NY
TEL：(＋1) 718-474-2339
rockawaybrewco.com
公休日：没有
营业时间：周日～三 12:00～22:00／周四～六 12:00～00:00

这是一座从纽约冲浪圣地洛克威海滩起家的自酿啤酒厂。在长岛市砖造楼房的7楼，有间气氛舒适的酒吧，另外在海滩旁也开设了新分店。

NEW YORK CITY

纽约啤酒二三事

BRONX

MANHATTAN

QUEENS

BROOKLYN

STATEN ISLAND

BEER BAR 常有的事

① MENU 的品项实在太复杂
根本无从点起

② 有些里面还加了臭死人
的东西
知道后绝对会吓死你

③ 吧台很忙
看不见个子小小的我
必须大声点单

④ 只能从点错酒的经验中吸取教训

各种有关身份证的事

喝酒、买酒时，千万要准备好可出示的身份证件

状况会依当天打扮而不同

对方好像根本不在意

※因为不知道什么时候会想喝啤酒
所以身份证随时都带在身上

各式各样的挑战

①

难得住在纽约
所以经常趁
出远门的时候
顺便买点
异国的下酒菜
回家试试

不知道哪一国的
烟熏鱼

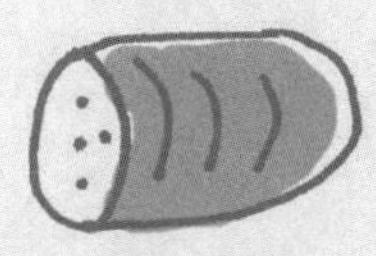

波兰产的
类似火腿
的东西

TARAMA
SALATA

希腊的
鱼子（？）
抹酱

印度的
辣味零食

中华街的
葱面包（？）
好吃

每次都能
发现惊人的美食。

②我住在“波兰区”时
有一天在熟食店
看到包装超可爱
又便宜的啤酒！

（商标长这样）

买来试喝之后
觉得就像我怀念的
日本皮尔森一样好喝！
从此以后就经常去买

你真爱喝那个啊！

店老板超开心
（ZYWIEC 好像是波
兰引以为傲的品牌）

BEER
这就是个充满
啤酒故事的城市

年度消费量【ねんかんしょうひりょう】

全世界的啤酒年度消费量整体都有增加的趋势。以下是 2014 年的年度消费量的排名。在 2014 年，是由鲜少给人啤酒大国印象的中国第 12 年蝉联冠军，紧接着是位居第 2 名的美国，日本则是第 7 名。至于德国，与过去的啤酒全盛时期相比，消费量虽大幅滑落，但依然稳坐第 5 名。捷克只排第 20 名，名次意外的低，不过由于它人口只有 1050 万人（2014 年），所以算是名副其实。

1 中国（4485.3）
2 美国（2417.2）
3 巴西（1314.6）
4 俄罗斯（1001.2）
5 德国（844.1）
6 墨西哥（690.8）
7 日本（540.7）
8 英国（437.5）
9 波兰（377.6）
10 西班牙（372.9）
11 越南（364.0）
12 南非（315.0）
13 乌克兰（242.0）
14 印度（235.0）
15 韩国（229.2）
16 委内瑞拉（217.3）
17 哥伦比亚（215.5）
18 加拿大（202.6）
19 法国（192.4）
20 捷克共和国（187.9）

2014 年（单位：万 kl）

摘自“麒麟啤酒大学”
（http://www.kirin.co.jp/company/news/2015/1224_01.html）

BREWERY

北岛啤酒

【ノースアイランドビール North Island Beer】

北岛啤酒是由从加拿大学艺归来的资深酿酒师打造的品牌，2003 年成立于札幌市。常态啤酒商品多达 6 种，有讲究的皮尔森啤酒、用北海道小麦“春丰”酿成的小麦啤酒、富有香菜气味的黑啤酒等等，让人想全都尝一遍。他们为了让顾客享受各种啤酒，才推出如此丰富的种类。

ⓘ 〒067-0031 北海道江别市元町 11-5
TEL：011-391-7775
http://northislandbeer.jp

无酒精啤酒【ノンアルコールビール】

又称作“啤酒风味饮料”，专指酒精浓度未满 1% 的啤酒，或是拥有啤酒风味的发泡碳酸饮料。虽然酒精浓度低于 1%，但因各人体质、健康状况和饮用量的不同，还是有可能喝醉，所以请多加注意。最近市面上还有专为孕妇、司机、不喝酒的人推出的“0.00%”的啤酒商品，由于其富含啤酒花和麦芽的香气，风味和啤酒非常相似，因此可能也会让人产生酒醉的错觉。

酒吧【バー bar】

源自美国，“bar”也有“棒”的含义，取自存放酒类的木制柜台。和酒馆、旅馆、pub一样，都是早期民众交流的场所，也是举行庭外侦讯、地方集会的地方。主要供应鸡尾酒、洋酒、葡萄酒、啤酒和轻食，在日本甚至还有“清酒吧”和“烧酒吧”之类的设施。

Heartland【ハートランド】

以无标签绿色瓶身闻名的 Heartland 其实是麒麟啤酒在 1986 年推出的品牌。这是一种由 100% 小麦酿成的顶级啤酒，是轻盈的口感中散发出啤酒花的芬芳气息，且没有余味的皮尔森啤酒。由于广告和包装上都没有出现麒麟啤酒的字样，所以经常被日本人误认为是进口啤酒。现在市面上贩售的有 500 毫升与 330 毫升瓶装。包装设计的灵感来自矗立于有“核心地带”之称的芝加哥周边的大树。近年来，以这棵大树为蓝本创作的一系列美丽画作“HEARTLAND BEER ART PROJECT_ 2015”一时间成为话题。2017 年，还公开出版了艺术书 *Journey Around HEARTLAND*。“Heartland”的啤酒和经营理念都非常清新，帅气的作风不禁令人赞叹。

http://www.heartland.jp

香草【ハーブ herb】

酿啤酒用的啤酒花也是香草的一种，但是在使用啤酒花之前，都是以其他香草或香辛料来酿酒。当时使用的添加物被称作“格鲁特”(P.71)，每一座啤酒厂都有其独门的调制方法。也有人将添加了植物的根、种子、蔬果或花朵的香草啤酒、香料啤酒和蔬菜啤酒全都归为同一类别。日本还推出过添加山椒、茶叶、樱花瓣等材料的啤酒，滋味与众不同。

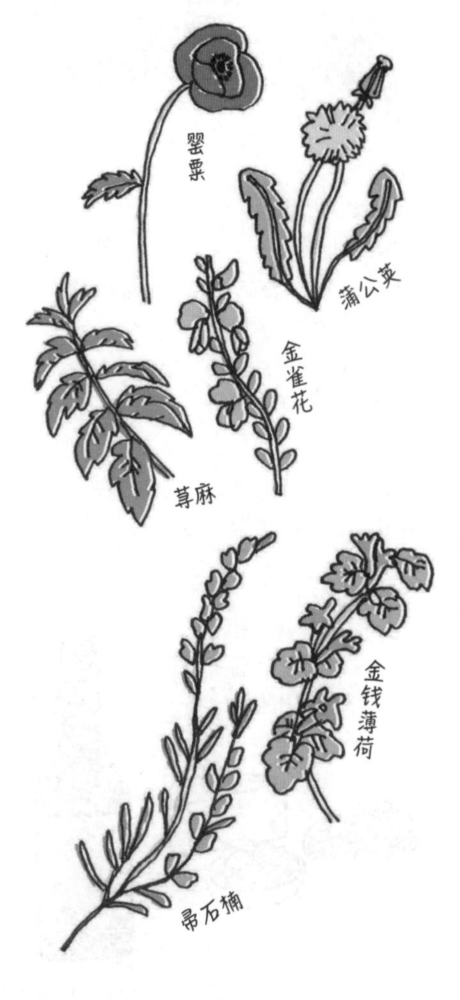

烤肉【バーベキュー BBQ/barbecue】

BBQ（烤肉）是美国的灵魂食物，和啤酒的关系非常亲密。一到夏季，美国各地就会迫不及待地举办 BBQ 派对，其中最有名的是南部的 BBQ，和啤酒特别搭配。

STYLE

大麦酒【バーレイワイン barley wine】

“Barley wine”直译就是“大麦葡萄酒”，是酒精浓度高达 8% ～ 12% 的啤酒风格。大麦酒多半是熟成啤酒，特色是有麦芽的甘甜与酯散发出的果香，颜色介于琥珀色和较深的红茶色之间。各种大麦酒的啤酒花风味不尽相同，市面上普遍是啤酒花风味较淡的产品。推荐在寒冬饮用，有温暖身体的效果。

巴伐利亚

【バイエルン、バヴァリア Bayern、Bavaria】

巴伐利亚位于德国南部，是以慕尼黑为首府的啤酒圣地。巴伐利亚是德国历史最古老的州，啤酒的历史也一样悠久。在 10 ～ 11 世纪修道院啤酒的全盛时期，全德国共有 500 座修道院酿造所，光是巴伐利亚就有 300 座。目前仍在运营的世界最古老的酿造所维森酒厂（P.35）就位于巴伐利亚州。另外，世界最大型的啤酒节（P.45）的举办地也是巴伐利亚州；世界最古老的食品条例“啤酒纯酿法”（P.86），也是源于此地。身为啤酒圣地的巴伐利亚，影响力至今依旧深远。

哪怕不太喝啤酒也
常常听到啤酒圣地
慕尼黑的大名

Haikara【ハイカラ】

“Haikara”是明治时代出现的俗语，专指采取西式风格打扮或生活方式的人物。这个词源自明治时代男性西装流行的“high collar”（高领）设计，原本是用来嘲讽那些崇洋媚外、追求西方形式和外表的人，后来反而衍生出近代、华丽、优美、时髦之类的正面含义。现在说到“haikara”，意味着怀念曾流行过的现代复古时代，是咖啡厅、餐厅或商品常用的理念。在明治时代，精英分子纷纷追求对日本而言崭新的啤酒。每当他们穿着西服光顾啤酒城时，应该都曾经被人说“你看，是 haikara”吧。

配给【はいきゅう】

其实在日本的战时配给制度中，配给的物资也包含了啤酒。啤酒曾在明治时代广为流传，但到了战时，因为不易调配物资，其产量和其他食品一样低。不过，自从 20 世纪 40 年代日本实行配给制度以后，每个家庭都能得到固定的食品数量，使得尽管啤酒产业在战争时期面临衰退，却随之被推广开来，于是随着战后经济的高度成长，啤酒普及至各个家庭。

烘焙【ばいせん】

炒制茶叶和咖啡的工程称作“烘焙”，但是在制造啤酒的工程中，烘焙是指用大火热烤已事先焙燥过的麦芽。麦芽的颜色会因火力变大和烘焙时间变长而逐渐变深，香气也会更浓郁。烘焙温度会依需求而定，例如巧克力麦芽的烘焙温度为 200℃～ 230℃。

焙燥【ばいそう】

焙燥是指为了阻止麦子继续发芽而进行的加热烘干工作。温度为 80℃～ 120℃。这项工作完成后，即可做出麦芽。

BREWERY

喜力【ハイネケン Heineken】

喜力是自古以来贸易繁荣的荷兰之代表啤酒公司，也是啤酒第一品牌。设立于 1863 年的喜力如今是世界第三大啤酒公司，以口感爽快的啤酒大受欢迎。其实从 1997 年的电影《007：明日帝国》开始，喜力就是詹姆斯·邦德系列电影的赞助商。2012 年的《007：大破天幕杀机》里，出现了邦德喝喜力的镜头；2015 年的《007：幽灵党》则与喜力合作，推出邦德开着游艇在海上奔驰的大手笔广告。看着邦德喝喜力，连自己都会忍不住想喝了。

ⓘ www.heineken.com

管道运输【パイプライン pipeline】

提起管道运输，总会让人联想到输送石油或天然气的管线，不过在德国，却设有长达5公里的啤酒运输管道。这条管道位于北莱茵－威斯特法伦州，主要是用来服务足球场的观众，里面贮藏了52000升的啤酒，每分钟可供应14升啤酒。这种设备简直就像是大人版的《查理和巧克力工厂》才会有的！

品脱【パイント pint】

品脱是计算液体体积的单位。英国和美国的品脱容量大不相同，品脱在英国相当于568毫升，在美国则是473毫升。虽然这种差异很麻烦，希望能干脆统一规格，但这也是一种文化差异的体现。

品脱杯的意思就是能装1品脱饮料的玻璃杯，主要用于喝啤酒。为了确保容量固定，这种杯子会严格按照规定制作。

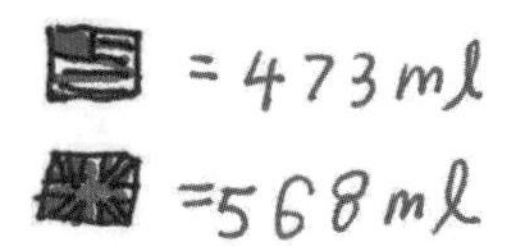

麦芽汁【ばくガじゅう wort】

麦芽汁是指麦芽磨碎后，泡进热水加热，使麦芽中的淀粉糖化而成的液体，英文写作“wort”。除了啤酒之外，酿威士忌也需要制造麦芽汁。在酿啤酒时，将添加啤酒花之前的麦芽汁称作“甜麦汁”，添加后则称作“苦麦汁”。

麦芽汁是啤酒、威士忌的原料

细菌【バクテリア bacteria】

啤酒含有乙醇，且pH值较低，所以细菌不易繁殖。但细菌能寄生于啤酒中的物质继续增殖，因此仍然必须采取抗菌措施。现在的啤酒酿造业通常将用于培养酵母之外的细菌都视为“污染菌”，不过有些酒厂也会大胆利用这些细菌酿造特殊风味的啤酒（P.179“拉比克啤酒”）。除了用于酿造这种特殊啤酒之外，细菌会导致普通的啤酒“酸败”（P.81），使酿好的啤酒毁于一旦。现代的微生物管理技术相当发达，酿酒师不必过度担心，但过去酿造啤酒的风险可是比现在高上许多，酿酒师每天都要与看不见的敌人苦战。

巴斯啤酒 🇬🇧

【バス·ブルワリー Bass Brewery】

于 1777 年设立的英国啤酒品牌，以巴斯淡色艾尔和“红色三角”闻名。巴斯啤酒发迹于特伦特河畔伯顿，这里有适合酿造艾尔啤酒的硬水水源，而且众所皆知的是，“红色三角”是英国的第一号注册商标。巴斯啤酒在成立百年后发展成为世界第一大啤酒厂，旗下的淡色艾尔啤酒也出口至世界各地。在日本刚开始进口啤酒的时期，巴斯的淡色艾尔啤酒销售量也是遥遥领先的第一名，受欢迎到连明治时代的日本国产啤酒都想盗用其红色三角商标。现在，巴斯啤酒则成了安海斯－布希英博集团旗下的品牌。附带一提，在画家爱德华·马奈（Édouard Manet）于 1882 年创作的作品《女神游乐厅的吧台》里，也出现了“红色三角”。真是个充满历史浪漫情怀、值得玩味的啤酒品牌。

黄油啤酒【バタービール butterbeer】

读过《哈利·波特》系列小说的人，肯定都会想尝尝书里提到的黄油啤酒。哈利他们在“破釜酒吧”和“三把扫帚”最常喝的就是这个。在魔法的世界里，黄油啤酒是用黄油、水、砂糖做成的，不过家养小精灵只要一喝就会醉倒，可见里面还是含有微量的酒精（魔力？）成分。虽然在人类世界也能喝到“麻瓜”版的黄油啤酒，但终究还是想进入书中的世界，尝尝正宗黄油啤酒的滋味。

蜂蜜【はちみつ】

古时候欧洲人会喝使用蜂蜜酿成的“蜂蜜酒”（P.168），不过自古以来，人们也会用蜂蜜酿造啤酒。蜂蜜的成分可以促进发酵，适合运用于酿造各种风格的啤酒，还能调和过重的啤酒花苦味。

发酵【はっこう】

发酵是指酵母菌和乳酸菌等微生物通过代谢分解有机物质的过程。酿酒过程中一定要发酵。酿啤酒时，麦汁会借由发酵将其中的糖类分解成乙醇和二氧化碳，成为碳酸酒精饮料。酿酒师还会视情况添加糖分和酵母，进行二次甚至三次发酵。虽然发酵的奥秘直到19 世纪才解开，但它自古便孕育出许多酒类和食品，像是味噌、酱油、酱菜等日本不可或缺的用品，面包、奶酪、酸奶也都是利用发酵制成的食品。

啤酒面包【バッピル bappir】

酿造啤酒的过程中使用的古代麦芽面包。公元前 3000 年左右，在苏美尔人留下的酿酒纪念碑上就刻有这种古代啤酒的制作方法。将麦子发芽后长出的麦芽磨成粉，烤成名叫“bappir”的半熟麦芽面包，然后再撕碎泡入水中，使其发酵——用这种方法酿出的啤酒被称作“美索不达米亚啤酒”(P.82)，是一种很贵重的饮料。烤成的面包可以直接当成随身携带的干粮，也能做成啤酒，以防在远行途中找不到清洁的饮用水。这种在旅行或露营时可随时制成啤酒的 bappir，在现代应该也很方便，希望有人能推出这种商品。

发泡酒【はっぽうしゅ】

根据日本法律，“发泡酒”是以麦芽或大麦作为原料的一部分而制成的发泡性酒精饮料。法律认可的副原料含量若不超过麦芽的50％就属于“啤酒”，一旦超过就要归类为“发泡酒”。另外，除了法律认定为啤酒原料的副原料以外，只要使用了其他材料，不论成品再怎么接近“啤酒”，在法律上也都视为“发泡酒”。现在的发泡酒酒税比啤酒低，所以有些产品会定调为“发泡酒”，借此压低售价。发泡酒或许给人一种“盗版啤酒”的负面印象，但也不能一概而论。附带一提，继“当地啤酒”之后，市面上也出现了越来越多的各地制造的“当地发泡酒”产品。

BREWERY

百威【バドワイザー Budweiser】

百威是安海斯－布希英博集团（P. 30）旗下的啤酒品牌，总公司位于美国的密苏里州。百威从 1876 年设立至今已有大幅成长，现在是美国最多人饮用的啤酒品牌之一，世界各地也都有生产贩卖。

ⓘ www.bud.cn

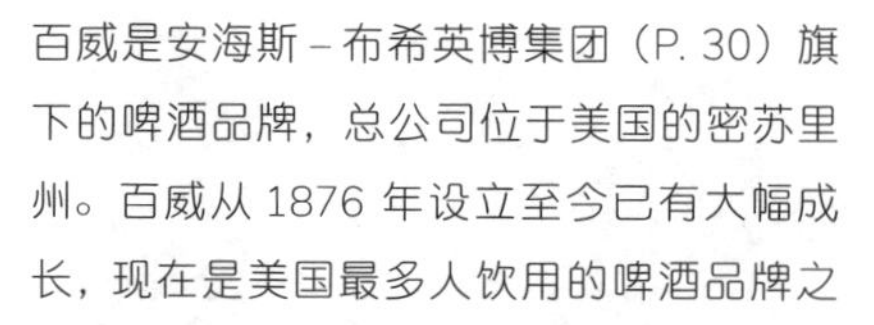

香蕉啤酒【バナナビール banana beer】

香蕉啤酒，顾名思义，就是用碾碎的香蕉发酵制成的非洲传统啤酒。原料采用成熟度适中的“东非高地香蕉”，将榨出的香蕉汁倒入高粱磨成的面粉，再用野生酵母使其发酵成啤酒。虽然做法看起来很简单，但若是不能准确掌握香蕉的成熟度，就无法酿造成功，所以最困难的就是准备香蕉的过程。香蕉啤酒是一款酸甜又口味强烈的啤酒，虽然也会外销至世界各地，不过要是有机会前往当地，一定要尝尝正宗的风味。

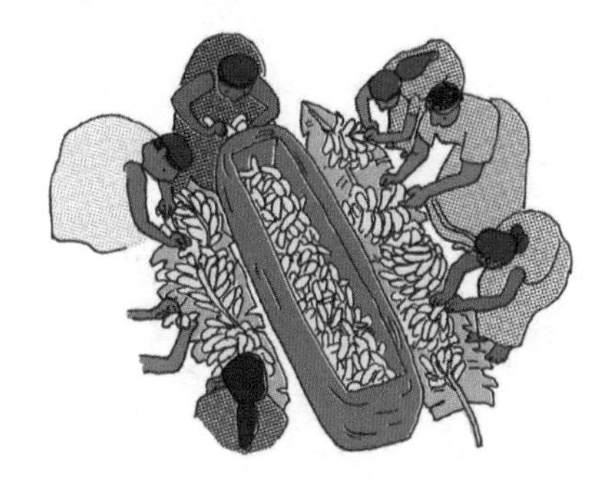

蜜月【ハネムーン honeymoon】

现代所谓的“蜜月”是指新婚旅行，但其实这个词源自欧洲酿酒的风俗习惯。很久以前，在啤酒尚未普及的时代，欧洲人会喝使用蜂蜜酿成的“蜂蜜酒”（P.168）。从古代到中世纪，新婚妻子会在婚后的第一个月待在家里酿造蜂蜜酒，并与丈夫专心生育。因此，新婚后宛如蜂蜜（honey）般的一个月（Moon），从此就被称作“蜜月”。

酒吧【パブ pub】

Pub 是“Public House ”的简称，虽说是 public（公共），但同时也指持执照贩卖酒精饮料的私人酒店。以英格兰为中心，酒吧广设于爱尔兰、苏格兰、新西兰和奥地利。店内主要供应啤酒、葡萄酒、蒸馏酒等饮料，餐点则是以简单的下酒菜为主。虽然是起源于罗马帝国时代的“酒馆”（P. 96），却是英国人再熟悉不过的社交中心。

帕丽斯・希尔顿/1981～
【パリス·ヒルトン Paris Hilton】

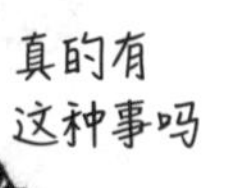

帕丽斯是个话题不断的社交名媛，她曾在世界最大的啤酒盛事——慕尼黑啤酒节引发一起事件。事情发生在 2006 年，她在啤酒节会场大肆宣传自己代言的罐装葡萄酒，而非罐装啤酒。听说以啤酒为傲的巴伐利亚人自认受辱，便永久禁止她再参加慕尼黑啤酒节。

桶【バレル barrel】

相当于原木桶，即存放酿造酒、蒸馏酒，使其熟成的木桶。（P.52“原木桶”“桶内加工”）

桶酿【バレルエイジ barrel-aged】

桶酿是指用酿造威士忌、葡萄酒的木桶，或直接用木片酿啤酒。以前的酿酒师会配合啤酒的风格，让啤酒带有其他桶装酒或木头的风味，使其更有层次和特色。例如蒸馏过波本威士忌的木桶会散发香草和太妃糖（用砂糖或糖蜜混合奶油做的糖果）的风味，适合酿造香气馥郁的司陶特啤酒。而且波本威士忌的木桶无法用于重复酿造威士忌，所以改用于酿造啤酒，也很符合环保观念。

面包【パン】

传说人类的第一杯啤酒始于一场意外：有人无意间把大麦面包掉入水中，等到发现时，就已经酿成好喝的酒精饮料了。在许多古代文明中，啤酒和面包都是补充能量和营养的必需品，有些时代的人甚至只靠这两者便能维生。

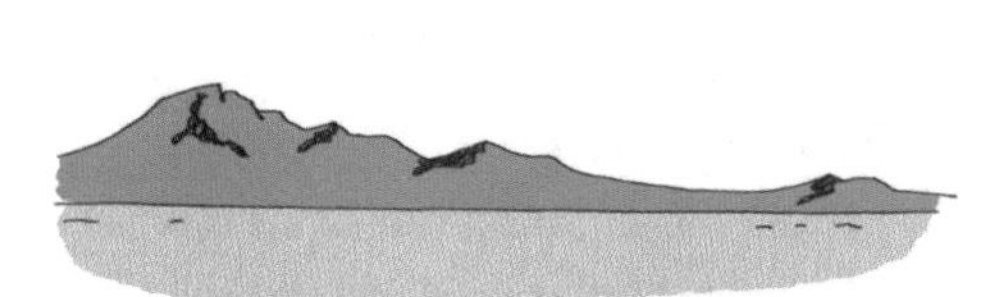

夏威夷【ハワイ Hawaii】

在夏威夷原住民波利尼西亚人的文化中，酒是王族才能饮用的神圣饮料。即使到了19世纪西方移民抵达当地时，一般人依旧无权喝酒。移民苦于没有酒喝，便立刻着手酿酒。起初酿成的啤酒是用一种叫作“朱蕉”的多肉植物根部熬煮而成的，后来随着技术进步，酿造出名为“夏威夷烧酒”的蒸馏酒。虽然夏威夷后来也酿出了大麦啤酒，但当地终究也是以皮尔森式的拉格啤酒为主流。近年来，夏威夷和美国本土一样掀起精酿啤酒风潮，在当地已经可以喝到各种风格的啤酒，其中又以科纳酿酒公司（Kona Brewing Company）最出名。光是在2015年，就已经有7家全新的啤酒厂兴起，可见啤酒产业气势如虹。以后有机会去夏威夷的话，务必体验一下当地已经非常优越的喝酒环境吧。

晚酌【ばんしゃく】

指在晚餐或相应的时段喝酒的习惯。

STYLE

南瓜艾尔啤酒

【パンプキンエール pumpkin ale】

南瓜艾尔啤酒是用南瓜酿造的啤酒，主要是美国专为秋天制造的啤酒。酿造法各有千秋，像是添加南瓜片、烤过的南瓜块或南瓜泥，或是使用南瓜香料，不过大多数都会添加做南瓜派时用的肉豆蔻、丁香、多香果、肉桂等味道较重的香辛料。市面上贩卖的大多是苦味淡、口感较浓郁的南瓜啤酒。虽然有人认为还是用真正的南瓜酿的啤酒最好喝，不过这种做法自然也比较费工。

《汉谟拉比法典》【ハンムラビほうてん】

公元前 1800 年左右，苏美尔人灭亡后，新兴的巴比伦帝国用大麦、小麦和药草制造出了约 20 种啤酒。主张“以眼还眼”的《汉谟拉比法典》在第四条中，还巨细靡遗地记载了关于啤酒的法律。例如，如果酒店老板发现有客人在店里谈论犯罪计划却未通报，一律死刑；若有人用水稀释啤酒，经查获即处以溺水死刑。真是可怕的严刑峻法。

万里长城【ばんりのちょうじょう】

“万里长城”位于中国北方，是一条东西向的城墙遗迹。这道城墙是为了抵抗外侮而建，长度在 2 万公里以上，为世界七大奇迹之一，也是现代的观光名胜。虽然有部分城墙严重损坏，不过在定期设置的瞭望塔上，却常有推销冰镇啤酒的小贩驻守。虽然宜人的风景让人不禁想喝一杯，但为了安全着想，还是回到平地以后再喝吧。

啤酒花园【ビアガーデン beer garden】

发源自德国巴伐利亚，是可以享用啤酒和当地美食的场所。传统形式的啤酒花园采用拼桌式的木头长桌，顾客可在此享受音乐、歌曲和游戏。这种设施常见于德国南方，不过现在单纯用来指“在室外喝啤酒的地方”，世界各地都有类似的设施。日本首座啤酒花园设于 1875 年，是威廉 · 科普兰（P. 37）利用自家装修而成的，就位于他所经营的 Spring Valley Brewery（P. 92）旁，名为“Spring Valley 啤酒花园”。现在，日本的啤酒花园经常开设于百货公司、饭店顶楼，是季节限定设施。

啤酒餐厅【ビアカフェ beer cafe】

供应啤酒的餐厅。发源自比利时，有些店铺甚至会常备数百种啤酒。每一种啤酒都有专用的酒杯，顾客可以悠闲享受复古的氛围，尽情畅饮啤酒。

啤酒侍酒师
【ビアソムリエ beer sommelier】

熟悉啤酒的历史、材料、形式、酒杯种类、风味鉴定、食物搭配等各种专业知识的专家。在日本，凡是于啤酒侍酒师协会参加认定讲座、取得执照者，即是合格的啤酒侍酒师。

越南气泡啤酒【ビアホイ bia hói】

越南人常喝的拉格淡啤酒，酒精浓度约为 3%。越南的商店、小型餐酒馆、摊贩都供应这种气泡啤酒，价格大约为 20 日元，比进口商品更经济实惠。在淡啤酒里加入冰块，能让人瞬间暑气全消。

啤酒城【ビアホール beer hall】

啤酒城是以啤酒为主角的餐饮店，基本形态是拥有高大天花板的宽敞空间，并摆满一排排长桌。日本第一座啤酒城是大阪麦酒有限公司（现在的朝日啤酒）在大阪中之岛开设的“朝日轩”。战前，这里是男人专属的世界，不过随着战后平民喝啤酒的机会越来越多，女性也渐渐开始进场消费。现在日本各地都有啤酒城，也有配合活动和季节设置的临时店铺。

投杯球【ビアポン beer pong】

美国人发明的喝酒消遣游戏。游戏规则是在桌子两边排好装有啤酒的杯子，现场分成两队对战，设法将乒乓球投入对面的杯子里，让对方把被投中的啤酒杯装满酒并喝光。这个源自美国大学校园的游戏原本是用球拍来击球，不过现在已普遍改用徒手投球的方式。

pH 值【ピーエイチ】

又称作氢离子浓度指数，用于标示氢离子浓度的数值。从这个数值可以得知物质是酸性还是碱性，以及它的酸碱比例。数值为 1 ～ 14，7 为中性，小于 7 为酸性，大于 7 则为碱性。酿造啤酒所使用的水、麦芽浆（P.167）、麦汁以及完成的啤酒，这几种液体的 pH 值各有意义。其中最重要的是麦芽浆的 pH 值，必须维持在 5.2 ～ 5.5 以内，而且越低越好。调整 pH 值，打造酵素最容易发挥作用的环境，可以让啤酒最重要的糖化工程更顺利。也就是说，高质量的啤酒与麦芽浆的 pH 值息息相关。附带一提，麦芽为酸性，只有加强烘焙程度，麦芽浆的 pH 值才会下降。

啤酒【ビール beer】

从荷兰传入日本的“啤酒”（beer）一词，最早是以“ヒイル”（hiiru）记录在日本 1724 年的官方资料当中的。根据明治时代的外来语辞典，它则有多种形式，写作“ビーヤ”（biiya）、“ビーア”（biia）、“ビール”（biiru），另外也以汉字译为“麦酒”。近年来，日本人会根据场合，越来越常将啤酒称作“ビア”（bia），或许是因为发音比较接近英文。话说回来，“beer”一词究竟是从何而来的呢？虽然目前还无法证明，不过最有力的说法有两种：一是主张来自拉丁语中有“饮料”含义的“biber”；二是认为源自印欧语系中的“谷物”一词。另外，艾尔啤酒（ale）一词，是源自日耳曼语中意指魔法、魔力、酒醉的前缀“alu-”。

啤酒刨冰【ビールかきごおり】

由日本知名漫画人物鲁邦三世所发明的一种刨冰，也可以说是啤酒的喝法。主要是把啤酒当作糖水淋在刨冰上享用，是一道相当豪爽的夏季美味。在炎热周末的午后，不妨来一碗吧。

BEER COLUMN

喝一杯精酿啤酒的思想

文：白石达磨

无论是英国、德国，还是比利时、捷克，这些欧洲国家都拥有悠久的啤酒传统，而美国拥有的啤酒酿造所数量则为世界之冠。日本因 1994 年修正酒税法而掀起当地啤酒热，距今也已经有 20 年了，现在还毫无例外地置身于精酿啤酒风潮之中。全世界正值“大麦酒时代”。

说到日本啤酒，普遍说的是四大厂商最自豪的拉格啤酒，但其实不只是日本，全世界消费量最大的也是拉格啤酒。在这股潮流下，拉格以外的各式各样的啤酒风格，以“精酿啤酒”的名义广为流传，意味着到了这个时代，人们可以随意地选择“自己想要喝的啤酒”。不过，“精酿啤酒”究竟是指什么呢？

美国酿酒商协会（Brewers Association）将精酿啤酒定义为具备“小规模、独立性、传统性”特征的啤酒，然而在历史和环境截然不同的日本，根本不可能使用同样的定义。虽然在日本也能享受各式种类的啤酒，但是“精酿啤酒”的定义却很模糊。在日本，这个词不该指多种风格的啤酒，而是指蕴藏着酿酒师的思想与精神的啤酒。到目前为止，啤酒都是以生产国、形式、规格来分类，但只要加入酿酒人的“思想”，就能让啤酒再无国界之分，并与现在“精酿啤酒”的单一概念紧密结合。

或许有人会反问：“那么，什么叫作思想？”“只要喝了就能懂吗？”“思想能喝吗？”要是喝完酒还无法体会的话，直接询问酿酒师不就得了（笑）。

小型啤酒厂附设商店的形态在欧美非常普遍，如今日本也正火速增设中。这种形态的商店称作自酿啤酒吧，可以拉近喝酒人和酿酒人之间的距离，最适合想要从酿酒师的想法和主张中，也就是从“思想”和“故事”中挑选“精酿啤酒”的人。这世上多的是思绪万千却苦于无法传达结果消声匿迹的啤酒，在自酿啤酒吧里找出经得起潮流考验的啤酒，或是自己真正想喝的啤酒，才是享受“精酿啤酒”的一大乐趣。

现在，日本有越来越多人高呼：“我想喝更多种啤酒！”事实上，也确实有酿酒人愿意着重“酿造、供应美味的啤酒”并放眼“未来”，诚挚地响应市场需求。这正是决定精酿啤酒会在浪潮过后化为泡沫，还是升华成为文化的关键时刻。一言以蔽之：“日本的啤酒‘正’火热！”

白石达磨／Tatsuma Shiraishi

CRAFT BEER MAGAZINE TRANSPORTER 前总编辑，喝遍全世界 3000 种啤酒的“饮酒系”男子。喜欢的酒有清酒、烧酒、自然派葡萄酒以及好喝的啤酒。痴迷大众酒场。家训是“就算喝太多也不准吐”。现在在下北泽的“乘风 merry（風乗リメリー）”，一边喝啤酒和热清酒，一边品尝红酒。

啤酒罐烤鸡

【ビールかんチキン beer can chicken】

啤酒罐烤鸡是用啤酒罐和一整只全鸡做成的豪迈的美国菜。做法相当简单，只要事先将鸡处理干净，均匀抹上胡椒盐，插在已喝掉一半的啤酒罐上，直接立着放进烤箱烤至全熟即可。闷在里面的啤酒蒸汽可以带出鸡肉的鲜味，烤出鲜嫩多汁的肉。

啤酒原料套组

【ビールキット beer kit】

指在家酿造啤酒的手作工具组。现在日本有明文规定，禁止在家酿造酒精浓度 1%以上的啤酒，不过只要未满 1%，即属合法。网络上可以订购各种啤酒原料套组，从 10 升到 30 升用的套组都有，另外也有使用麦芽精酿造的简易形式。

啤酒汤 【ビールスープ beer soup】

指在啤酒里加入面包或面粉、蛋、牛奶煮成的汤。这是中世纪德国常见的早餐，有时也会加入马铃薯煮成浓汤，或是添加洋葱和奶酪。

啤酒战争 【ビールせんそう】

在美国禁酒令时代，芝加哥黑帮之间因私酿啤酒而引起的纷争。（P.27“艾尔·卡彭”）

啤酒奶酪 【ビールチーズ beer cheese】

一种用啤酒做成的奶酪抹酱，常见于美国肯塔基州。在熟成的切达奶酪里加入适量啤酒，调成滑顺的质感，再拌入大蒜和香辛料即可。通常会配上饼干，当成开胃菜或是零嘴来吃。

啤酒街与琴酒巷

【ビールどおりとジンよこちょう Beer Street and Gin Lane】

1751 年，英国画家威廉·贺加斯（William Hogarth）响应政府解决“琴酒热”（P.89）的政策而绘制了这幅版画作品。这幅画的用意在于鼓励民众改喝酒精浓度较低的啤酒，以此来代替琴酒。画中安定和乐的啤酒街（上图）与民众烂醉如泥的琴酒巷（P.143）形成强烈对比。

图片提供：New York Public Library

（P.142）The Miriam and Ira D. Wallach Division of Art, Prints and Photographs: Print Collection, The New York Public Library. “Beer Street” The New York Public Library Digital Collections. 1751.

（P.143）The Miriam and Ira D. Wallach Division of Art, Prints and Photographs: Print Collection, The New York Public Library. “Gin Lane” The New York Public Library Digital Collections. 1751.

啤酒屋【ビールハウス、エールハウス beer house、ale house】

自从琴酒这种价格实惠的蒸馏酒在 18 世纪上市以后，英国便开始发生劳动阶级过量饮酒的重大社会问题（P. 89“琴酒热”）。于是政府订立政策，鼓励民众用啤酒取代琴酒，这就是 1830 年颁布的啤酒屋条令。条令中规定，凡是缴过手续费的人都能合法酿造、贩卖商用啤酒。因这条法令而设立的廉价酒店，就是啤酒屋。

啤酒肚【ビールばら】

提到啤酒肚，大家就会想起圆滚滚的大肚腩。其实，啤酒肚起初并不是指“喝太多啤酒”造成的大圆肚，而是形容肚子大到像是制造啤酒用的“啤酒桶”。

啤酒面包【ビールパン】

只要使用啤酒，就能不费太多工夫而烤出美味的面包。啤酒风味不但有点缀的效果，还能让面包的香气更有层次。啤酒面包的做法有很多种，建议选用材料较简洁的食谱。还可以换成其他啤酒，多方尝试也是一种乐趣。这里要介绍的是“蜂蜜啤酒面包”，简单却很美味，且香气十足。

［蜂蜜啤酒面包］

材料

高筋面粉……375g
泡打粉……1 大匙
红糖……2 大匙
盐……1 小匙
蜂蜜……2 大匙
啤酒……1 罐（350ml）
融化无盐奶油……¼ 杯

做法

①用 180℃预热烤箱。在模型里刷上油，底部铺好烘焙纸。
②在大型调理盆内放入面粉、糖、泡打粉和盐，搅拌均匀。用微波炉加热蜂蜜 5 ～ 10 秒，使其质地变软。
③用木匙将啤酒和蜂蜜拌入②，并搅拌均匀。
④将半份融化的奶油倒入模型，接着倒进面糊，最后再淋上剩下的奶油。
⑤用刷子轻轻刷匀面糊表面的奶油。
⑥放入烤箱烤 50 ～ 60 分钟。等面包烤成金黄色，用刀子插入也不会沾黏的程度即完成。

BYOB【ビーワイオービー】

“Bring Your Own Bottle / Booze”（带酒来参加）的缩写，意思是请对方在前往餐厅、参加活动时务必带酒来，或是开放自带酒水。这个习惯在日本并不常见，不过餐厅开放携带适合搭配餐食的酒，可以为顾客节省不少开销，是个很贴心的制度。

STYLE

法系窖藏啤酒

【ビエール·ド·ギャルド Bière de Garde】

源自法国东北－加来海峡的啤酒风格，法语意即“陈年啤酒”，是在啤酒装瓶后继续贮藏熟成的。过去在农村会避开不易发酵的夏天，特地选在冬季或春季酿这种酒，现在则主要是由小型酿造所生产。这种啤酒大多是上发酵的无过滤啤酒，色泽介于金黄色和亮茶色之间，拥有丰富麦芽芳香，且略带甜味。

STYLE

苦啤酒【ビター bitter】

苦啤酒是指优雅地呈现啤酒花苦味、拥有芳醇风味的啤酒。颜色大多是介于铜色和琥珀色之间，酒精浓度在 3% ～ 7%。

BREWERY

飞騨高山麦酒

【ひだたかやまビール】

位于岐阜县飞騨地区的高山市以温泉、传统老街以及好喝的本地酒闻名，飞騨高山麦酒的酿造所即位于此地。使用从地下 180 米抽取的天然水与 100% 麦芽，以英国传统的啤酒工法酿造，是一款充满活酵母香气的浓郁啤酒。

〒506-0808 岐阜县高山市松元町999
TEL：0577-35-0365
www.hidatakayamabeer.co.jp

BREWERY

常陆野猫头鹰啤酒

【ひたちのネストビール】

由 1823 年创业、位于茨城县的木内酿酒厂在 1996 年推出的啤酒品牌。使用了当地的清甜井水与最高级的进口原料，加上杉木桶、米曲、日本研发的啤酒麦原种“金子 Golden”等，以日本独特的材料、工法酿造出的猫头鹰啤酒，在海外也很受欢迎。据说当初商标的候选图案还包括鱼以及东方白鹳，不过最后中选的是猫头鹰。被表情如此可爱的猫头鹰注视着，让人想不买也难。

〒311-0133 茨城县那珂市鸿巢1257
TEL：029-298-0105
http://www.kodawari.cc

ひ
BYOB ビーワイオービー

BREWERY

豪格登酒厂

【ヒューガルデン·ブルワリー Hoegaarden Brewery】

豪格登酒厂位于比利时胡哈尔登市，以招牌商品豪格登白啤酒闻名。这座城市正是比利时小麦啤酒、白啤酒（比利时白啤酒）的发源地，历史最早可追溯至 15 世纪中叶。当时的比利时由与亚洲的贸易往来很兴盛的荷兰所统治，因此香辛料才得以引进比利时，孕育出能留传至今的浓郁小麦啤酒。之后，比利时的啤酒厂陆续增设，大街小巷都流行酿造小麦啤酒。但是到了 20 世纪后，受到皮尔森啤酒的冲击，多家酿造厂纷纷倒闭。有个名叫皮埃尔·塞利斯（Pierre Celis）的男人不愿袖手旁观，便于 1966 年收购了生产柠檬水的旧工厂，借此创立豪格登酒厂，试图复兴传统风格的啤酒，这就是“豪格登白啤酒”。1985 年，豪格登加入了安海斯－布希英博集团，现在已是世界知名的白啤酒代表品牌。

ⓘ www.asahibeer.co.jp/worldbeer/hoegaarden

金字塔【ピラミッド pyramid】

在古埃及时代为法老王建造金字塔的工人，其实都有相当好的雇用条件。在尼罗河泛滥、妨碍农作的时期，建造金字塔的工作不但能让工人维持收入、领到薪水，还让他们拥有住宿和喝啤酒等福利，可以说是条件非常优良了。虽然不免让人怀疑，酒醉是否会让工人步伐不稳、失手弄掉石块，不过，在金字塔下用啤酒灌溉疲惫的身体，那美味肯定令人难忘。

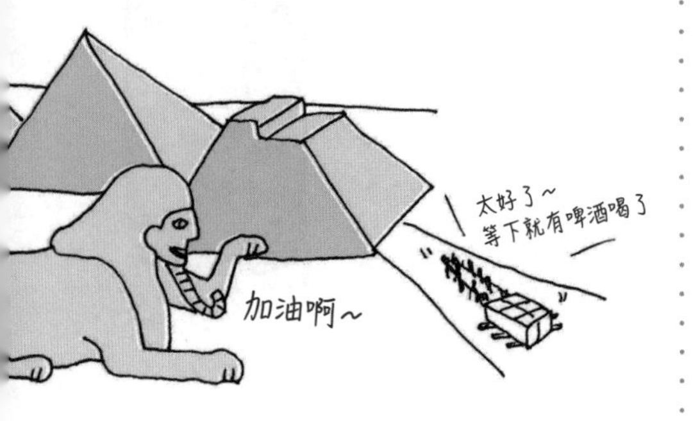

STYLE

皮尔森啤酒【ピルスナー pilsner】

皮尔森的德语写作 pils，指一种金黄色的拉格啤酒，是 19 世纪中叶诞生于捷克皮尔森市的风格（P.147“皮尔森欧克”）。以轻盈顺畅的口感、清透的美丽色泽大受欢迎，是全世界饮用量最大的啤酒。大部分量产的便宜啤酒都是以皮尔森为基础酿造而成的，因此很多人误以为皮尔森就是酒体轻、没有深度的啤酒，但高质量的皮尔森拥有类似饼干的麦芽香气，以及稳定的啤酒花风味，是口感舒畅的啤酒。德国北部的皮尔森啤酒苦味较强，而波希米亚皮尔森的麦芽风味则比较丰富。

BREWERY

皮尔森欧克

【ピルスナー・ウルケル Pilsner Urquell】

皮尔森欧克是知名的捷克啤酒品牌兼酿造所，也是孕育出皮尔森啤酒的厂商。这一切始于 1838 年弃置在皮尔森街头的 36 个腐败啤酒桶。由于当时进口啤酒的售价相当低廉，当地啤酒滞销，迟迟无法在保存期限内售出。市政府官员与众多酿酒师开会协议后，决定在市内设立一座大型啤酒厂，于是在 1842 年 10 月 5 日推出了皮尔森欧克啤酒（“urquell”，欧克，为原创之意）。由于原料采用软水和蛋白质含量较少的麦子，所以酿出的啤酒不易浑浊，呈现美丽清澈的金黄色，酒厂便持续以相同的配方酿酒。皮尔森欧克拥有爽快的口感、清新的啤酒花香气，甜味和苦味比例也恰到好处。

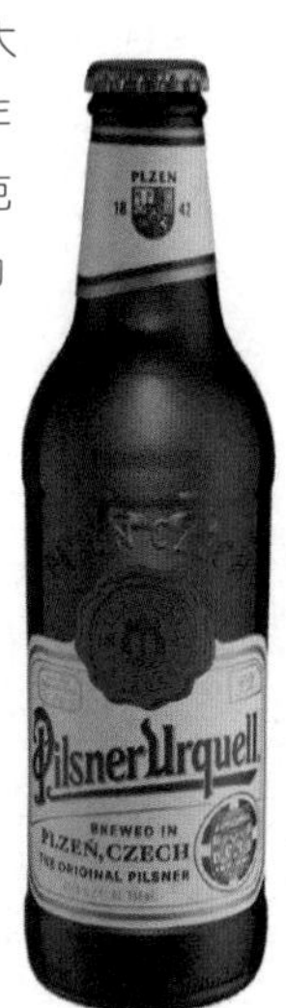

快餐【ファーストフード fast food】

我们偶尔会特别想吃快餐。虽然快餐搭配的多半是无酒精饮料，不过它和啤酒也非常适合。近年来，各国的快餐店纷纷开始在菜单上推出啤酒等酒精饮料，试图打造更成熟的形象。民众对于轻松喝一杯的需求越来越高也是出现这种现象的原因。日本的汉堡店及其他贩卖啤酒的快餐店，如今也有增加的趋势。

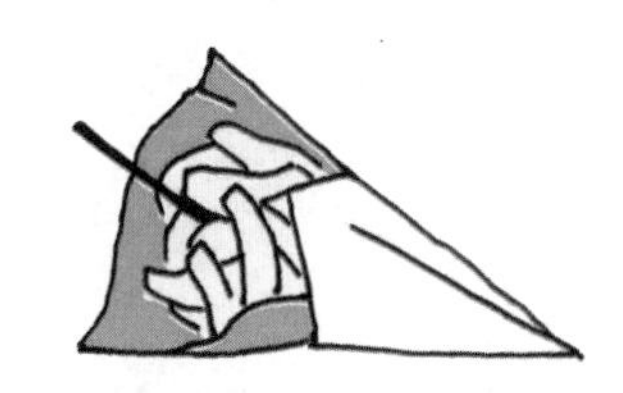

瓶【びん】

在饮料罐发明以前，啤酒都是装入木桶或玻璃瓶贩卖的。日本人在明治初期开始喝啤酒时，玻璃瓶还是外国制造的产品，所以瓶装啤酒的价格相当高昂。直到 19 世纪 80 年代，日本国内才开始自行生产啤酒瓶。起初的玻璃瓶是采用吹制法制造的，形状无法统一，所以，在制造技术进步之前是采用软木塞封瓶。现在的日本瓶装啤酒是以 500 毫升的中瓶和 334 毫升的小瓶为主。为了防止紫外线造成啤酒变质，一般都是使用茶色或深绿色的玻璃瓶。

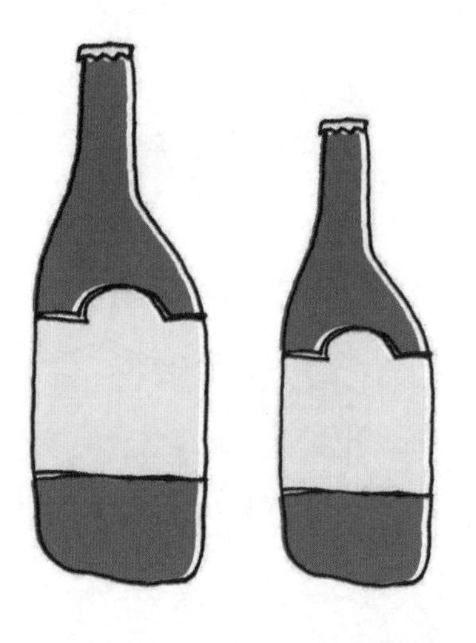

STYLE

黑糖啤酒【ファロ faro】

比利时的啤酒风格。混合拉比克和淡啤酒后，再加入砂糖降低酒精浓度调整成的顺口的啤酒。通常会再加入香菜、柳橙啤酒、胡椒来增添风味。

余味【フィニッシュ finish】

余味是指啤酒入喉后残留在口中的感觉和味道。日本会用“无余味”形容不残留味道的啤酒，有些风格的啤酒的余味会保留很久。不论余味是苦、是甜，还是特定的材料风味，重点都在于是否能让人想要喝下更多。

节庆【フェスティバル festival】

啤酒的节庆活动可不是只有啤酒节而已！从春季到秋季、从北海道到冲绳，日本各地会举办供应精酿啤酒的节庆活动。这种活动通常由酿酒师亲自出马，民众可以尽情品尝当地料理，同时畅饮好喝的啤酒。

苯酚【フェノール phenol】

苯酚是指拥有类似药品气味的有机化合物。我们可以用苯酚味形容近似丁香、香辛料、创可贴的气味。它在啤酒里属于异味（P.48），不过有些风格却能利用它来为啤酒提味。

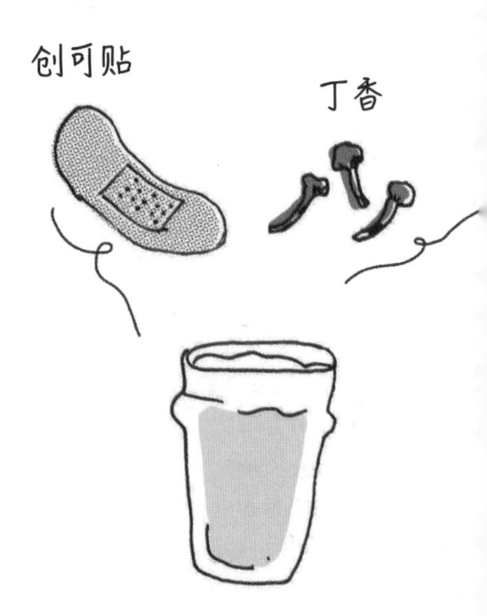

费尔森地窖

【フェルゼンケラー felsenkeller】

费尔森地窖位于德国，是挖穿岩石建成的天然地下贮藏库。当地人自古就会利用地窖的低温来储存啤酒、食物和冰块。由于当地景色优美，居民便建造起这座贮藏库，并在地窖上设置啤酒花园，供游客一边喝新鲜啤酒一边欣赏清新美景。费尔森地窖的温度在夏天为 8℃～12℃，最深处低到 2℃～3℃，内部空间宽敞到足以容纳一整栋楼房。参观需要事先申请。有机会前往德国的话，不妨来看看，顺便在啤酒花园里享受一下。

入口就设在山坡地表上

副原料【ふくげんりょう】

日本定义为“啤酒”副原料并获得酒税法认定的有麦、玉米、米、高粱、马铃薯、淀粉、糖类，以及部分苦味剂和色素。使用上述以外的副原料酿造的酒精饮料，或是副原料重量超过麦芽重量的 50%的酒精饮料，都归类为“发泡酒”。玉米和米可以酿出较淡的啤酒，而且能有效降低成本，是世界各地广为使用的副原料。日本有部分啤酒厂为了开发独特的本土啤酒，会特意使用高级米或当地特产米。淀粉、砂糖、糖浆等糖类则可提高酒精浓度，同时还能保持清淡的口感。

BREWERY

富士樱高原麦酒 ●

【ふじざくらこうげんビール】

富士樱高原麦酒出自德国“杜门斯啤酒学院”毕业的酿酒师之手，是正统的德国啤酒。他也酿造了日本难得一见的烟熏啤酒“欧拉厚啤酒”（P.178“德国烟熏啤酒”）。

〒401-0301 山梨县南都留郡富士河口湖町船津字剑丸尾6663-1
TEL：0555-83-2236

宿醉【ふつかよい】

如果摄取超过身体代谢能力的酒精，也就是饮酒过量的话，就会宿醉，主要是指喝酒后隔天早晨发生的症状。宿醉会引起头痛、恶心、反胃，且酒精的利尿作用会导致轻微的脱水症状，容易令人口渴。在现代医学尚不发达之时，各地都有解决宿醉的民间疗法，但效果不一，可见它是自古以来就困扰人类的棘手症状。总之，宿醉时先注意补充水分吧。

Bridal【ブライダル】

“Bridal”的意思是指“新娘的”“婚礼的”。“Bride”是“新娘”，“al”则是取自“艾尔”（ale）的前缀，换言之，“bridal”意即“新娘的艾尔啤酒”。其实，这个词源自很久以前新娘在婚宴上用自己酿的艾尔啤酒搭配餐点招待宾客的习俗。而“bride”的词源是带有酿酒、煮菜意味的“bru”一词。这些都是即将成为家族新成员的新婚妻子负责的，所以新娘才会称作“bride”。以前的啤酒酿造工作由家庭主妇承担，因此嫁妆里包含了酿酒器具。由此可见，啤酒对西方国家的日常生活有多么重要。这就好比日本妇女要制作味噌、腌菜用的米糠一样。如果以此类推，不称呼日本的新婚妻子为“新娘”，而改称“味噌子”或“糠美”的话……还真是一点也不好听，幸好日本没有这种称谓。

啤酒组合【フライト flight】

指使用小啤酒杯提供多种啤酒的样本套组，常见于酒馆和自酿啤酒吧。在决定喝哪种大杯啤酒前，顾客可以先点这个组合，找出自己最喜爱的啤酒，是一种相当贴心的服务。一套组合包含多种啤酒，可以同时享受不同的风味。

炸啤酒【フライドビール fried beer】

油炸奥利奥饼干、炸巧克力棒等奇异的路边小吃可以说是美国人的拿手绝活，而现在又可以再加一道由得州人发明的小吃——炸啤酒。做法是在盐味面皮里包入啤酒，再将四边捏紧，用 190℃的热油炸 20 秒即可。微咸的面皮和温热的啤酒非常对味。

酿酒技师

【ブラウマイスター Braumeister】

Braumeister 是德语，意指酿造啤酒的技师。“Meister”指专家，凡是在德国修完专业课程并通过考试的人都可以获得这个头衔，英语称作 brewmaster 或 head brewer。他们都是指挥啤酒酿造工程的重要人物。

STYLE

棕色艾尔啤酒

【ブラウンエール brown ale】

主要是指由美国、比利时、英国酿造，介于深琥珀色和茶色之间的艾尔啤酒，滋味各有千秋。英国棕色艾尔的麦芽风味比啤酒花更强烈且甘甜。美国棕色艾尔则是以英国的为基础，采用美国的原料做出特殊风味，啤酒花的苦味通常比较明显。

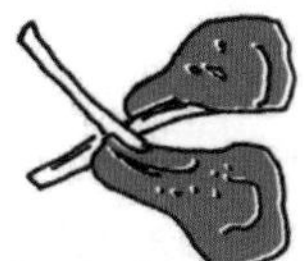

适合搭配炉烤蔬菜和肉类

STYLE

覆盆子啤酒

【フランボワーズ framboise】

产自比利时的啤酒，即覆盆子风味的水果啤酒，基底为拉比克啤酒（P.179），在世界各地都很受欢迎。主要是参考传统的樱桃啤酒（P.68）做法酿造而成，过去的覆盆子啤酒有明显酸味，相较之下，现代版则偏甜。

弗里茨・梅塔格 /1937～

【フリッツ·メイタグ Fritz Maytag】

全名为弗雷德里克·刘易斯·梅塔格三世，他重建濒临破产的美国铁锚酿酒公司，大大改变了美国的啤酒行业。1965 年拉格啤酒风潮如日中天之际，梅塔格在最后一家即将倒闭的蒸汽啤酒（P.91“蒸汽啤酒”）酿造所关闭前一天，收购了那座工厂并重振蒸汽啤酒酿造业。当时，具有美国独特风格的啤酒日渐稀少，梅塔格秉持蒸汽啤酒的原始风味，成功守住了其独特的个性。这件事是点燃美国精酿啤酒时代的导火索，而弗里茨也成了现代小型啤酒厂心目中的教父。

嘌呤【プリンたい】

尿酸值上升是痛风的原因，而造成这个数值上升的万恶根源，就是嘌呤。大众普遍认为啤酒的嘌呤含量很高，需要控制摄取量，但事实真是如此吗？其实，酒精才是尿酸偏高的最大原因。尽管啤酒的嘌呤含量在酒精饮料中属于偏多的，但以食品而言却是偏少的。证据就在于，嘌呤的一日建议摄取量大约为 400 毫克（mg），一罐啤酒的嘌呤含量只有 13 ～ 25 毫克。相较之下，小鱼干、柴鱼、鳕鱼白子每 100 克就含有超过 300 毫克的嘌呤，含量偏高。这就是大家会认为越爱吃美食的人，越容易痛风的原因了。嘌呤也是构成食物鲜味的成分之一。与其死守“啤酒＝痛风”的公式，最好还是细心改变自己的饮食生活。

酿酒【ブルー brew】

意指酿造，或是酿出的成品。

STYLE

水果啤酒【フルーツビール fruit beer】

自古以来，水果就经常用来酿造啤酒。使用水果的传统啤酒风格中，有部分拉比克啤酒（P.179）会用莓果或樱桃酿酒。另外还有添加果肉和果汁、与麦汁一同发酵的啤酒，以及发酵后再加入水果精或果汁调制的啤酒，做法琳琅满目。在发酵前添加的话，糖分会被酵母分解，酿出不太甜的风味；发酵后才调制的啤酒，多半都是专为不擅长喝啤酒或酒类的人制造的甜口味。其他还有菠萝、西瓜、香蕉等多种水果啤酒，范围越来越广，让人忍不住都想尝试。

自酿啤酒吧【ブルーパブ brew pub】

自酿啤酒吧是附属于小型啤酒厂的酒吧，供应现场酿造的啤酒。游客可以在此享受鲜酿啤酒、下酒的轻食与喝酒的氛围。

BREWERY

布鲁克林啤酒厂

【ブルックリン·ブルワリー Brooklyn Brewery】

布鲁克林啤酒厂设立于 1988 年，位于纽约布鲁克林区的威廉斯堡。这座啤酒厂是用制造无酵饼（matzo，犹太人吃的无发酵面包）的工厂改装而成的，提供团体导览并设有代币制的啤酒城。其经典商标出自以“I ♡ NY”宣传标志闻名的弥尔顿·格拉泽（Milton Glaser）之手，是个重视移民历史和当地企业元素的布鲁克林品牌。招牌商品布鲁克林拉格啤酒用冷泡酒花酿出丰富的啤酒花香气，是一款有深度风味的维也纳式拉格啤酒。

啤酒厂【ブルワリー brewery】

意指啤酒工厂、啤酒酿造所。

去参观啤酒厂吧！【ブルワリーをみにいこう！】

世界各地有形形色色的啤酒厂（酿造所），既有历史悠久的小酒厂，也有设施齐全、占地宽广的知名大厂，还有近年新设的小型啤酒厂、附设酒吧的自酿啤酒厂。各个啤酒厂都会开放参观，即使我们对啤酒酿造已有基本的概念，但依旧是百闻不如一见！亲自造访时，除了参观设备以外，还能认识酿造所及当地的历史，听见不为人知的趣闻，试喝尚未上市的产品，体验酒厂推荐的酒菜组合，乐趣无穷。找出你最有兴趣的啤酒厂，现在就出发去参观吧。

大型工厂

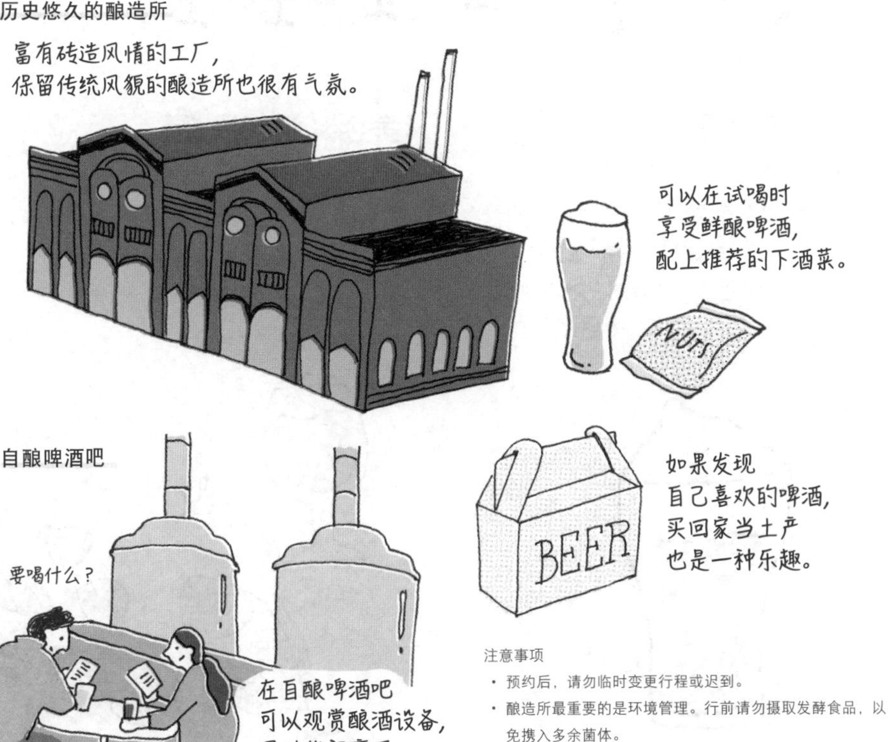

注意事项

- 预约后，请勿临时变更行程或迟到。
- 酿造所最重要的是环境管理。行前请勿摄取发酵食品，以免携入多余菌体。
- 如欲开车往返，驾驶人请勿饮酒。

混合啤酒【ブレンド blend】

混合啤酒就是同时调合多种啤酒，是人类自古以来就会使用的技术。混合的目的有很多，例如调整啤酒的风味比例、改善老旧的啤酒风味、制造更复杂的风味、统一啤酒口味等等，混合啤酒可以解决很多问题。

冰冻泡沫啤酒

【フローズンビール frozen beer】

指泡沫部分结冻的生啤酒。泡沫可以维持美丽的形状，外观就像甜点一样，能享受冰沙般的绵密口感。由于冰冻泡沫的持久性佳，有加盖的作用，因此可以保持啤酒的鲜度。

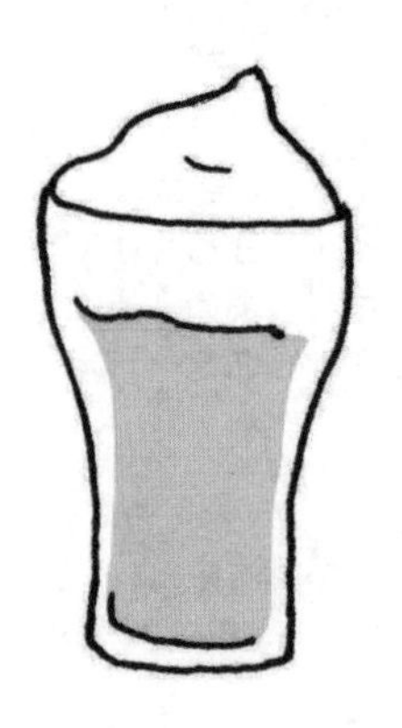

STYLE

金色艾尔啤酒

【ブロンドエール blonde ale】

又称作“黄金艾尔啤酒”，是近年在美国发明的啤酒风格。风味大多和淡色拉格一样清爽，酒体较轻，而且带有些许果香。金色艾尔和海鲜特别搭配。

粉碎【ふんさい】

制造啤酒时，粉碎麦芽是很重要的工程。麦芽颗粒打得细，淀粉才容易释放到麦汁里，可以充分带出麦芽的风味。麦芽通常是放到粉碎机里打碎，不过要是打得太碎，又需要花更多时间过滤，还会在啤酒里释出不好喝的涩味，所以颗粒大小须拿捏妥当。粉碎时普遍是用干燥的麦芽，不过有些场合会改用湿润的麦芽，以便保留较大的颗粒。

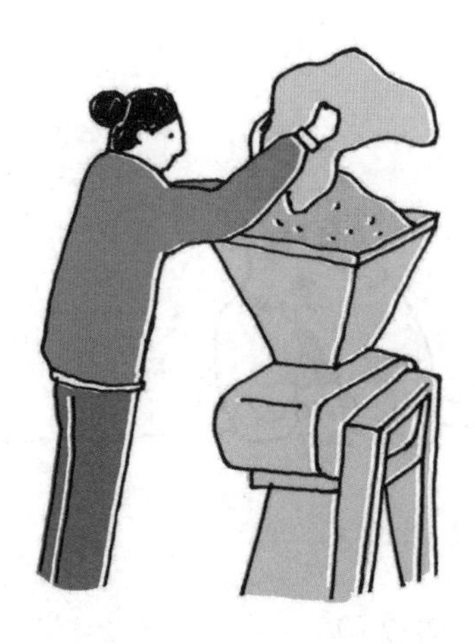

BREWERY

培雅督啤酒

【ベアードビール Baird Beer】

由培雅督夫妻设立于静冈沼津的酿酒公司。这对夫妻在 1997 年辞去工作，前往美国学习酿造啤酒，归国后，2000 年才开始从小酒吧起家。他们突破万难，于 2006 年开设了全新啤酒厂，2008 年开始将商品外销至美国、加拿大与澳大利亚。之后他们从中目黑开始陆续增设酒吧，2014 年在修善寺成立新的酿造所“培雅督修善寺酿酒花园”。培雅督啤酒非常讲究原料和酿造方法，旗下商品都是经桶装或瓶装二次发酵的无过滤啤酒。而且酒吧里不只供应冰镇啤酒，还会依啤酒种类以最适合的温度提供啤酒。附带一提，在培雅督位于横滨马车道的酒吧，可以享受地道的烧烤搭配啤酒，有机会务必尝试一下。

〒410-2415 静冈县伊豆市大平1052-1
TEL：0558-73-1199
bairdbeer.com

搭配【ペアリング pairing】

这里的“pairing”不是指情侣戴的对戒，而是能为彼此衬托出最大限度美味的餐饮组合，也可以指搭配的方式。

STYLE

淡色艾尔啤酒

【ペールエール pale ale】

17 世纪发源自英国的艾尔啤酒风格。用不易冒烟的焦炭燃料焙燥出颜色较浅的麦芽，用此麦芽酿出来的就是淡色艾尔啤酒。相较于以往的深色艾尔啤酒，色泽较明亮、拥有清新啤酒花风味的艾尔称作“苦啤酒”，相当受欢迎。而啤酒花风味更重、酒精浓度更高的啤酒，则称作“印度淡色艾尔”（P.33）。

STYLE

蔬菜啤酒

【ベジタブルビール vegetable beer】

蔬菜啤酒主要是指添加蔬菜精华的风味啤酒，大多是以麦芽风味较淡的艾尔啤酒为基底。只要天然蔬菜的滋味与啤酒风味的比例搭配得宜，就会很好喝。

啤酒头【ヘッド head】

“Head”在英语中是“头”的意思，啤酒头是指倒入玻璃杯的啤酒表面漂浮的泡沫层（P.30“泡沫”）。

宠物啤酒【ペットのビール】

现在正是与家里最爱的狗狗一起喝啤酒的时代。市面上也推出了各种狗狗喝的啤酒，像是由比利时公司酿造的“斯纳菲尔”、经营宠物店的荷兰女老板研发的“Kwispelbier”（kwispel 在荷兰语中意即“摇尾巴”）等。这些多半是在麦芽里添加牛肉精或鸡肉精的无酒精饮料，滋味好，且富含维生素，可预防狗狗缺乏水分，对健康有益。

泡沫持久性

【ヘッドリテンション head retention】

泡沫持久性是指“啤酒头”的耐久度，会因麦芽、啤酒花、副原料的种类或酿造过程而异。

马修・佩里 /1794～1858

【マシュー・ペリー Matthew Perry】

马修·卡尔布莱斯·佩里是 19 世纪的美国海军军人，最著名的事迹是终结日本的锁国时代。别看他在肖像画里表情庄重严肃，其实他在成功开港后，曾在庆功宴上大方宴请 70 名日本官员。在丰盛美食、好喝的饮料与啤酒包围下，众官员都卸下了平日肃穆的面具，开怀畅饮作乐。虽然无法证实川本幸民

（P.56）是否也出席了这场派对，不过这场船上宴会值得纪念，这一夜代表了日本文明开化，也为日本啤酒史揭开了序幕。

比利时【ベルギー Belgium】

比利时位于欧洲的中心，是个人口约 1100 万人的小国，却也是能和德国并驾齐驱的啤酒大国。比利时的啤酒历史最早可以追溯至 11 世纪第一次十字军东征。起初，酿造啤酒只是十字军募资行动的一环，后来却渐渐发展成为人民生活的一部分。正如世界知名的啤酒猎人迈克尔·杰克逊所言：“比利时人热爱讨论啤酒，就像在谈葡萄酒一样。”（摘自《世界啤酒大全》P.105）比利时人自古便懂得跳脱窠臼，因此研发出多种个性啤酒，像是使用香辛料、香草、水果等特殊材料酿造的类型，或是采用瓶中熟成之类的长期熟成法而得到的口味。比利时啤酒的特性不仅会随着各地区的气候、地形而异，也会因为地利之便，受到各种不同文化的影响。当地咖啡厅还会供应拉比克（P.179）及其他多种啤酒，有些店家甚至会准备各种啤酒的专用杯和杯垫，让顾客在日常生活中充分享受啤酒的多样性。在全球吹起精酿啤酒风潮之前，比利时就已经不只持续酿造传统啤酒，也在不断推出全新的特制啤酒了，其啤酒文化堪称世界的典范。

STYLE

淡色啤酒【ヘレス Helles】

Helles 是德语，意即“明亮”，是一款麦秆色的拉格啤酒。慕尼黑的酿酒师担心大众一窝蜂热衷于皮尔森啤酒，于是开发出这款淡色啤酒风格。其啤酒花风味较淡，可以明显感受到麦芽的特性，在现代德国南部非常受欢迎。

博萨【ボザ boza】

主要是用小麦和杂谷的麦芽酿造的，是哈萨克斯坦、土耳其、吉尔吉斯斯坦、阿尔巴尼亚、保加利亚和科索沃地区常喝的发酵饮料。英文的俚语将酒称作“booze”，因此也有人认为 booze 是源自 boza。博萨的酒精浓度只有 1%，是带有浓稠鸡蛋色的酸甜饮料。据说在公元前就已经有人开始饮用，但是直到 10 世纪时才比较广为人知。博萨的营养价值很高，对健康有益。

自酿啤酒

【ホームブルーイング home brewing】

自酿啤酒就是在自家酿造啤酒，又称自家酿造。相对于 DIY（do it youself）一词，自酿啤酒可简称为 BIY（brew it yourself）。日本只允许民众在家酿造酒精浓度未满 1%的啤酒，且不得用于营利。美国自 1978 年以后，便开放了自酿啤酒，而精酿啤酒文化也正是从这个时候开始发展的。

STYLE

波特啤酒【ポーター porter】

波特啤酒是 18 世纪诞生于英国伦敦的艾尔黑啤酒。因为酒体丰满、喝起来很饱足，这种啤酒深受长时间劳动、容易饥饿的“porter”（搬运工）喜爱，便因此得名。波特啤酒传入爱尔兰后，还促使健力士研发出司陶特啤酒。

STYLE

勃克啤酒【ボック Bock】

一种非常浓郁的烈性啤酒风格，但口感却意外的顺滑。关于勃克的起源目前尚无定论，它以德国发祥的“传统勃克”为基本款，此外还有下列图示的几种风格。和大麦酒（P.130）一样，勃克适合冬季慢慢饮用，属于麦芽风味饱满的拉格啤酒。当然除了下列三种以外，还有许多不同的种类。

双倍勃克啤酒

这款勃克啤酒一如其名，浓烈的程度足足有原本的两倍，颜色也偏深。

小麦勃克啤酒

深色的烈性小麦啤酒，风味很浓郁，酒体多半都很饱满。

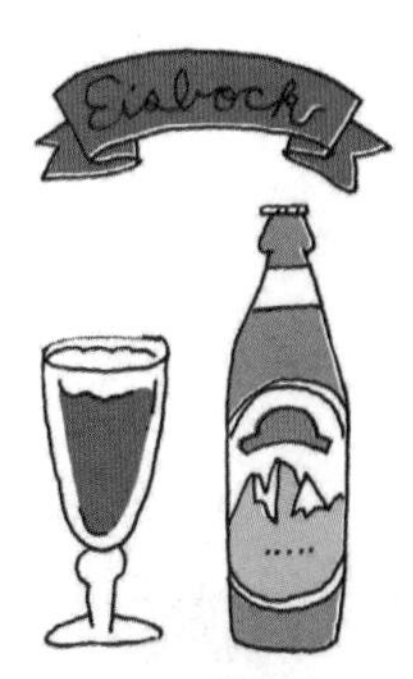

冰酿勃克啤酒

→ P.22。

热啤酒【ホットビール hot beer】

在北欧这样的寒冷地带，人们通常会喝温热过的啤酒。特别推荐使用勃克之类高酒精浓度的冬季啤酒。先烧开一锅水，再将开封的啤酒连瓶一起插入水中加热即可，也可以添加水果或香辛料一起熬煮（P.70“风味热啤酒”）。建议在寒冬的夜晚尝试一下。

Hoppy【ホッピー】

Hoppy 是 Hoppy Beverage 株式会社所制造的啤酒风味饮料。在 1948 年发售时，由于很难买到啤酒，开始流行用 Hoppy 稀释烧酒，做成综合饮料。Hoppy 的酒精浓度只有 0.8%，但直接喝还是能尝到明显的啤酒花与麦芽风味，所以很适合不耐酒精的人饮用。而且热量低，100 毫升只有 11 大卡，不仅低糖，且完全不含嘌呤，是晚酌时刻追求健康的必备饮料。Hoppy 从战后屹立至今，在 2018 年夏天迈入上市 70 周年，不仅是经典不败的畅销饮品，也是在关东一带的家庭和居酒屋里能喝到的代表性饮品。堪称东京饮料的标志。

Home party

如果你想毫无拘束地品评多种啤酒，和大家一起热闹地享用美食，家庭派对就是你最好的选择！这次我们请来京都餐厅“MONK”的主厨今井义浩，为大家制作几道适合搭配啤酒的佳肴。

秋葵花、日本芜菁、秋葵、小黄瓜、无花果沙拉

烤毛豆撒天然盐 / 鸡肉火腿和无花果佐胡椒

PHOTO：中山庆 / Kei Nakayama

常陆野猫头鹰（P.145）
琥珀艾尔啤酒

吃一个用琥珀艾尔啤酒蒸的蛤蜊，会让人想配一口琥珀艾尔啤酒。啤酒的深层风味可以衬托蛤蜊的鲜美。

啤酒蒸香菇、西洋芹、青椒、蛤蜊

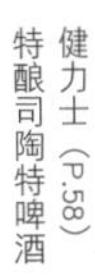

健力士（P.58）
特酿司陶特啤酒

健力士沉稳的滋味与烤蔬菜的芳香、鸡肉的辛辣非常搭配！

炉烤蔬菜佐天然盐／坦都里烤鸡

今井义浩

笑说"我长得越来越像嘻哈歌手 2 Pac 了"的今井先生

专业厨师。曾在轻井泽度假饭店"En boca"修业，自学烹饪，并深受京都的日本料理师傅以及在哥本哈根餐厅"Noma"的短期研修影响。2015 年 12 月，在京都哲学之道开设自有餐厅"Monk"。可饱览盎然绿意的餐厅 2 楼是妻子今井绘里奈经营的瑜伽教室"Studio monk"。

〒606-8404 京都府京都市左京区净土寺下南田町 147
TEL：075-748-1154
restaurant-monk.com

啤酒花【ホップ hops】

啤酒花是为啤酒增添风味的重要原料。但是纵观啤酒史，就会发现啤酒花其实直到近代才成为酿造啤酒的固定原料。在此之前，啤酒的风味都是来自其他香草（P.71“格鲁特”）。除了增添风味以外，啤酒花也有很强的抗菌和抑制浑浊的作用，所以才逐渐广为使用。

啤酒花茶
好解压啊

啤酒花是大麻科的缠绕草本植物，学名为“Humulus lupulus”，日本名叫“西洋唐花草”，啤酒使用的是球花的部分。啤酒花原产于埃及，后来流传至各地，才开始用于制作镇静剂和安眠药品。美国原住民会将啤酒花煮成茶在睡前饮用，或是用作外用药品。在 9 世纪的欧洲修道院，就已经有使用啤酒花的记录，之后啤酒花广泛栽种于低洼地带，现在则主要栽种于北纬 35°～55°的寒冷地区。捷克的波希米亚、德国南部的巴伐利亚州、斯洛文尼亚、美国的华盛顿州和纳帕溪谷、英国、澳大利亚维多利亚州和塔斯马尼亚州都是啤酒花的主要产地。日本自行栽培啤酒花的风气，目前也有增强的趋势。

由于啤酒花的风味会因产地和品种而异，所以酿造啤酒时，重点在于啤酒花和麦芽的搭配，或是调配不同品种的啤酒花。除了新鲜或干燥的球花以外，市售啤酒花以粉状、粒状和液状这三种形态为主。一般的啤酒厂并没有保存球花的设备，所以多半是采购、使用粒状或液状的啤酒花。不过在精酿啤酒业，也许会更倾向于直接使用整株啤酒花或新鲜啤酒花。啤酒花又分为可增添香气的香啤酒花，以及增添苦味的苦啤酒花。酿造时不只讲究种类和调配比例，添加啤酒花的时机和煮沸的时间也会影响到啤酒风味。因此，啤酒花的用法也是酿酒师展现精湛手艺的一大重点。

hophead【ホップヘッド】

“Hophead”是形容很爱喝以大量啤酒花酿成的浓苦啤酒的人。虽然啤酒花的苦味的确会让人上瘾，但在 hophead 人群中还有格外钟情于苦味者，所以市面上推出了不少啤酒花风味异常浓郁的啤酒。附带一提，hophead 在过去主要是指滥用鸦片等药物的人。

酒体【ボディ body】

酒体是指葡萄酒或啤酒的口感和醇郁的程度，会因啤酒的糖度、酒精浓度、蛋白质含量而异。口感厚重、香甜的啤酒，代表酒体饱满；口感清爽无余味，代表酒体轻盈；口感居中的啤酒，则称作酒体中等。

伯丁罕

【ボディントン Boddingtons】

伯丁罕目前隶属于安海斯-布希英博集团，设立于 1778 年，是发源自英国曼彻斯特的啤酒品牌。最有名的是色泽金黄的“伯丁罕苦味啤酒”，罐内附有气囊小球（P.36“氮气气囊”），可以享受非常细致的泡沫。

瓶中熟成

【ボトルコンディション bottle conditioned】

指在啤酒瓶中进行最后的发酵。通常是装瓶时，在已添加活酵母的啤酒中加入少许砂糖，促进啤酒再度发酵。

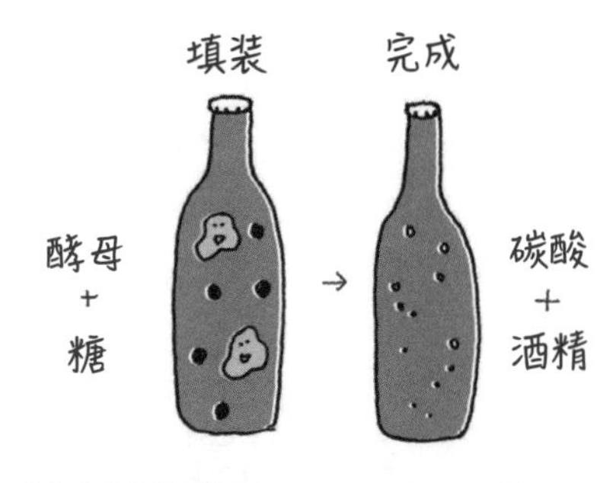

波希米亚【ボヘミア Bohemia】

波希米亚位于现在的捷克中西部，自古就是盛产啤酒的地区。全世界都爱喝的皮尔森啤酒正是发源自波希米亚的皮尔森。为了区别波希米亚的皮尔森啤酒和德国研发的清爽皮尔森啤酒（德式皮尔森），啤酒界会使用“波希米亚皮尔森”来称呼前一种风格。

※ 想象图

白啤酒【ホワイトエール white ale】

用小麦酿成的艾尔啤酒。

BEER COLUMN

同心协力打造的精酿啤酒

文：京都酿造株式会社／Kyoto Brewing Co.

“请先开设酒厂，证明你们有足够的能力进行酿造和销售业务，然后在开始营业前 2 个月提出申请。”

“等一下 ……你的意思是要我们先募到资金、设好酒厂，但是并不保证会给许可吗？”

“是的。”

“那我们要怎么证明啤酒卖得出去？”

“先联络酒吧或居酒屋，请他们在资料上填入酒厂开业后预计购买的数量。”

“所以是要我们联络不认识的人，请他们和根本还没开的酒厂签约？”

“是的。”

简直莫名其妙。当时正值 2013 年，我们的任务是用这种方法在日本开设啤酒厂，冒险就此展开。加拿大人保罗·斯比特、美国人克里斯·海恩，还有我这个威尔士人本杰明·法尔克，我们 3 人在日本生活加起来也将近 30 年了，如今才有一种不小心闯入未知世界的感觉。当初我们通过 JET 交流计划在青森认识后，就努力地研究品酒……没有没有，开玩笑的，我们只是单纯在喝酒而已。

我年轻时就在喝艾尔啤酒了（这在英国是常态），保罗也因为迷上了精酿啤酒而开始喝酒，但是开啤酒厂的梦想是受到长年热衷于自酿啤酒的克里斯的影响才确定下来的。青森的行程结束后，继续留在日本的我们虽然依旧是好朋友，但从此各奔东西：保罗到投资银行工作，我在人力银行上班，克里斯则去了立命馆大学。在着手实现梦想之前，克里斯辞了工作，回美国学习酿造啤酒，又陆续到加州的 The Lost Abbey/Port Brewing Co、长野的志贺高原啤酒公司工作。

“喂？”

“啊，老板您好，这里是即将成立的京都酿造公司。我们准备在 2015 年初开始酿造啤酒，请多指教。”

“哦。”

“我们打算用日本没有使用过的比利时酵母来酿啤酒，也想研发其他更多创意啤酒。”

“嗯。”

“那如果方便的话，希望您可以考虑跟我们签约，每年订购大约 500 升啤酒。”

“啊，是申请许可用的吗？可以啊，请你明天下午直接到我店里来。”

真的这样就可以了吗？到了这个地步，我们还没发觉自己是在多好的条件下投入啤酒界。身边值得信赖的建言者、客人、顾问和朋友多得令人难以置信。这个世界不是由酿酒师、酒吧、精酿啤酒行家之间的“竞争”所构成的，而是大家秉持着对“酿造工艺”的爱，互相扶持才成立的吧。

啤酒厂的营运工作是个粗活，每一天都是挑战。虽然早就知道在日本创业特别困难，但毕竟我们都想留在这里，根本不想在日本以外的地方开啤酒厂。而且，我们都觉得京都才是我们的归属。但是以商业层面来说，就像别人忠告过的一样，在创业过程中所花的资金、劳力和时间全都比当初预料的更多。

不过，真正出乎预料的是，当地啤酒界人士、爱好啤酒的朋友，甚至曾经令人退缩的税务所全都大力支持我们。最令我们感到温暖的，则是在这座啤酒厂之乡——日本的古都京都获得的种种帮助，特别是愿意涉猎新生精酿啤酒领域的人、喜爱创新的本地专业人士，以及每个周末都来品酒室的常客，还有好奇心旺盛的南区居民。

为京都、为精酿啤酒界致上我们的谢意，干杯！

京都酿造株式会社／Kyoto Brewing Co.（KBC）

一个威尔士人、一个加拿大人和一个美国人，同时光顾了一家青森的酒吧。这句开场白并不是开玩笑，而是真实事件，这一刻正是 KBC 的起点。KBC 从首席酿酒师克里斯・海恩生活 7 年的艺匠之城——京都起家，强烈渴望在这座富有美食、美味清酒、葡萄酒和咖啡的城市，让大家也能享受到好喝的啤酒。KBC 从 2015 年 4 月开始酿造啤酒，是日本第一座以比利时酵母作为自用酵母的啤酒厂。（P.61）

https://kyotobrewing.com

小型啤酒厂

【マイクロブルワリー microbrewery】

小型啤酒厂是指相对于啤酒大厂，规模较小的啤酒酿造所。不过，啤酒厂规模的定义因国家而异，所以大小各有不同。日本规定，啤酒年度生产量高于 60 千升的酒厂才能销售啤酒。而美国规定，年度生产量未满 1800 千升的酒厂一律称作小型啤酒厂，往上则依序为中型啤酒厂、区域啤酒厂、大型啤酒厂。

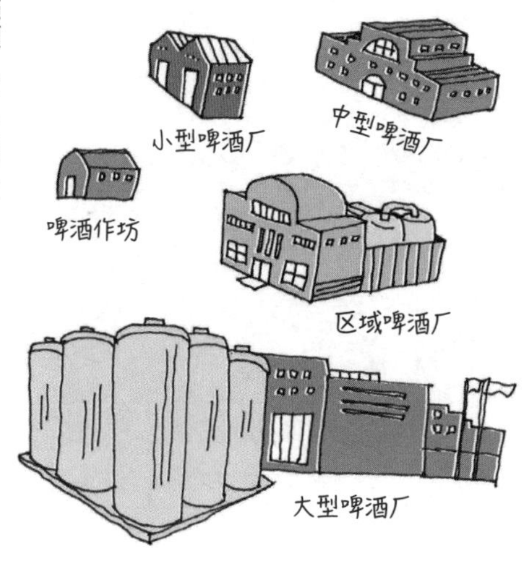

STYLE

艾尔轻啤酒

【マイルドエール mild ale】

发源自英国的啤酒风格，色泽介于淡色和深茶色之间，由于啤酒花的风味较淡，所以称作轻啤酒。这种啤酒酒精浓度较低，却有喝了会饱足的丰满酒体，是专为大量喝酒的劳工所研发的，即使下班后喝得再多，也能顺利回到家。说不定就是妻子们因为丈夫老是在外烂醉回不了家，才拜托啤酒厂制造这种啤酒吧。

口感【マウスフィール mouthfeel】

Mouthfeel 直译就是“嘴巴的感觉”，与味道不同，这是指舌头和牙齿的触感、吃喝食物时口中的感觉和感触。口感是啤酒非常重要的一个特征，会因酒体、碳酸比例、糖度而有所不同。

迈克尔·杰克逊 /1942～2007

【マイケル·ジャクソン Michael Jackson】

出生于英国的世界级啤酒评论家，别名啤酒猎人（并非音乐家迈克尔·杰克逊），同时也是啤酒界的英雄。虽然杰克逊很了解威士忌，但他在啤酒界的事迹更加出名。他不仅促使美国丰富的啤酒文化起飞，同时也在业界推广了“风格”这个概念。迈克尔·杰克逊还是一名记者，出版过许多与啤酒相关的著作，建议想更深入了解啤酒的人阅读。

魔女【まじょ】

在中世纪英国，酿造艾尔啤酒是女性的工作。酿出的啤酒主要是家庭自用，也可用于贩卖，卖啤酒的女人就称作“alewife”(P.40)。而提到魔女，总会让人想起她戴着尖尖的帽子、身边有只猫咪的模样，以及煮到咕嘟冒泡的锅和扫把，其实这些形象都和alewife 不谋而合。屋里的猫咪会赶走偷吃麦芽的老鼠，尖帽则是特地戴在头上用于表明身份的。熬煮麦汁时，锅子会咕嘟咕嘟地冒泡；扫把除了扫地以外，也会放在门口当作“啤酒杖”，昭告路人屋里贩卖啤酒。这么说来，alewife 就是魔女？ 由于当时的人们还不懂发酵原理，所以酿啤酒的人总给外界一种神秘的气质。在那个盛行狩猎女巫的时代，有些 alewife 因为生意兴隆、美貌出众，结果要么是因为不幸要么是基于某些理由招人讨厌，便遭人指为魔女、妨碍营业，最惨的下场就是被杀。到了现代，女性酿酒师越来越多，魔女再度成为啤酒商品的代表意象。

麦芽浆【マッシュ mash】

麦芽浆是指将麦芽粉碎做成的“谷料”(P.69)和热水混合而成的液体。加热麦芽浆的工程就称作“糖化”。糖化可以促进麦芽里的酵素活动，分解大麦中的淀粉。

抹茶啤酒【まっちゃビール】

顾名思义，就是混入了抹茶的啤酒。这是由茶叶品牌提出的喝法，做法很简单，事先用温水溶开抹茶粉后，从上方倒进啤酒，搅拌均匀即可，算是日本独创的啤酒鸡尾酒。清爽的口感相当受欢迎。

球花【まりはな、きゅうか】

球花是指啤酒花的雌花中宛如松果般的小花，为啤酒的原料。球花和大麻的英语读音非常相似，虽然同属大麻科，但绝非同一种植物。

蜂蜜酒【ミードmead】

使用蜂蜜制作的古代酿造酒，原料只有简单的水、蜂蜜和酵母，据说其历史比啤酒和葡萄酒还要更古老。蜂蜜在古时候是很珍贵的甜味剂，但因为蜂蜜酒太受欢迎，导致蜂蜜供不应求，只好用发芽后变甜的谷物，也就是麦芽来代替蜂蜜酿酒，这就是“艾尔”啤酒的起源。

水【みず】

水是非常基本的啤酒原料，所以大家经常忽略它的重要性。啤酒原料有九成以上都是水，换言之，水质会大大影响啤酒的酿造。水在现代很容易取得，但是在不易获得优质水源的中世纪欧洲，不需加工就能直接使用的水可以说是酿酒师的至宝。虽然如今有很多啤酒厂使用涌泉或地下水来酿酒，不过光是用除氯的自来水也能酿出足够好喝的啤酒。

日本有很多纯净的名水

矿物质【ミネラルmineral】

水质最讲究的就是矿物质含量。酿酒所需水的水质必须依啤酒风格而定。含有丰富镁、钙等矿物质的水属于硬水；含量较少的则属于软水。一般而言，硬水适合酿造艾尔啤酒，软水则适用于拉格啤酒。

BREWERY

箕面啤酒【みのおビール】●

箕面啤酒是位于大阪府北部箕面市的啤酒厂。旗下有皮尔森啤酒、司陶特啤酒、艾尔淡啤酒、小麦啤酒、W-IPA共5种主力商品，以及限定的酿造商品，另外还有采用传统桶中熟成法酿造的“真艾尔啤酒”(P.179)。真艾尔啤酒的酿造、管理都很费工，但能酿出与众不同的风味与高质量。这款啤酒在日本还不常见，不过在全日本有20多家餐厅可以喝到箕面啤酒推出的“真艾尔啤酒”(详情请上官方网站查询)。

〒562-0004 大阪府箕面市牧落3-14-18
TEL：072-725-7234
www.minoh-beer.jp

慕尼黑【ミュンヘン Munich】

Munich 在德语中是"来自修道士"的意思，表示这里原本是位于修道院中心的城镇。慕尼黑坐落于巴伐利亚州南端，是德国南部最大的城市（P.130"巴伐利亚"），也是世界最大的"啤酒节"（P. 45）活动的举办地点。

慕尼黑政变【ミュンヘンいっき München Putsch】

这场以"啤酒馆暴动"闻名的政变是在 1923 年由希特勒率领 2000 名纳粹党人发动的。政变始于当时慕尼黑的一家大型啤酒馆——贝格勃劳凯勒啤酒馆，但由于势力过小而宣告失败，身为领袖的希特勒因此被判刑入狱。不过，这起事件却让希特勒及其思想声名远播。而他也自从夺得政权后每年都会在同一家啤酒馆举行政变纪念演讲。嗯，看来啤酒馆也不全然都是享乐的地方。

STYLE

牛奶司陶特啤酒

【ミルクスタウト milk stout】

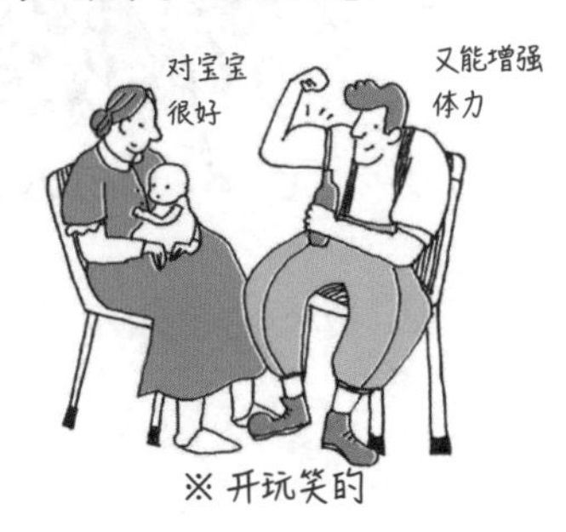

※ 开玩笑的

"牛奶司陶特"又称"奶油司陶特"，是指用乳糖（P.115）做成的微甜口味的司陶特啤酒。起源于 19 世纪的英国，劳工在午餐时间可以领到加了牛奶的司陶特啤酒，以补充营养。之后，厂商便直接在酿造过程中加入牛奶做成"健康饮料"上市贩卖。牛奶司陶特偶尔也会出现在医生的处方笺里，作为"治疗"之用。不过，到了 20 世纪中叶，由于这个"健康饮料"的名义实在可疑，政府便立法禁止将牛奶用于啤酒。此后，牛奶司陶特就指未添加牛奶，仅使用乳糖酿造的司陶特啤酒。

小米啤酒【ミレットビール millet beer】

小米啤酒是用杂谷发酵酿成的酒，别名"班图酒"（Bantu Beer）。非洲各地都会酿造这种酒，种类因地区和民族而不同。一般做法是将杂谷泡入温水中，发芽后晒干并磨成粉，用水搅拌均匀，先煮沸一次，待冷却后再加入酵母，发酵数天即可完成。

名言【めいげん】

这些都是热爱啤酒的名人说过的啤酒名言，阐述啤酒在文明里的重要地位。

“神的声音犹如啤酒般柔润丰盈。”

安妮・塞克斯顿（Anne Sexton）／诗人

“我真正爱过的只有啤酒和镜子。”

席德・维瑟斯（Sid Vicious ）／音乐家

“葡萄酒中有智慧。啤酒中有自由。水中有细菌。”

本杰明・富兰克林（Benjamin Franklin）／发明家

“1 夸脱（约 1.14 升）啤酒能顶国王的一道菜。”（冬天的故事）

威廉・莎士比亚（William Shakespeare）／剧作家

“喝啤酒的人很快就会入睡。
熟睡的人不会犯罪。
不犯罪的人可上天堂。
所以，尽量喝啤酒吧！”
马丁·路德（Martin Luther）/
思想家、宗教改革人士

“根据科学家的研究，啤酒对肝脏有益。啊，抱歉我搞错了，不是科学家说的，是爱尔兰人啦。”
蒂娜·费（Tina Fey）/喜剧演员

“牛奶是给小孩喝的。
既然都是大人了，
就不能不喝啤酒。”
阿诺·施瓦辛格（Arnold Schwarzenegger）/
演员、政治家

“浓烈的啤酒、呛辣的香烟，
还有盛装打扮的姑娘。
这就是我的兴趣所在。”
约翰·沃尔夫冈·冯·歌德（Johann Wolfgang von Goethe）/诗人、《浮士德》作者

明治维新【めいじいしん】

明治维新指幕府垮台、回归天皇亲政体制的日本大革命以及相关的一连串改革运动。岩仓使节团为了调查西洋文化，耗费 1 年又 10 个月的时间走访欧美各国，以此作为改革运动的一环。他们在旅途中发现西洋酿造啤酒的先进技术，便开始视察各国的啤酒花栽培、酿造设施和消费状况，并认定丰富的啤酒文化是国家发展进步的象征，就此返回祖国。从此，日本政府将酿造和饮用啤酒、威士忌等“洋酒”作为西化、近代化政策的一部分，大力支持并推广至全国。

五月花号

【メイフラワーごう / Mayflower】

五月花号是 1620 年从英国航向美国的先辈所搭乘的帆船的名称。他们原本的目的地是已成为殖民地的弗吉尼亚州，不过因为途中将啤酒喝完了，所以改从马萨诸塞州的普利茅斯登陆。或许此举听来令人费解，但这全是因为船上没有干净的饮用水，不得已才出的下策。他们在祖国也无法随时取得清洁的水源，平时并没有喝水的习惯，所以一登陆便马上开始酿造啤酒。他们在这片新大陆喝到的啤酒，究竟是什么样的滋味呢？

梅森罐【メイソンジャー Mason Jar】

梅森罐是 1858 年由约翰·兰迪斯·梅森（John Landis Mason）在美国费城发明的玻璃制储物罐。主要是为了制作果酱、糖浆、西式腌菜、莎莎酱等食品而开发的，但其他用途也很广泛，经典的设计至今仍大受欢迎。在餐厅、酒吧经常可以见到使用这种玻璃罐装的果汁和啤酒，不仅赏心悦目，机能性也很好，一眼就能分辨饮料的容量。

http://masonjars.com

STYLE

清啤【メルツェン Märzen】

清啤别名“三月节啤酒”，是发源自德国巴伐利亚的啤酒风格。原本是在没有冰箱的时代由德国农民在天气还很凉爽的 3 月（März）开始酿造，贮藏到夏天再饮用的啤酒。入秋后，他们要开始准备冬季用的啤酒，必须将贮藏清啤的酒桶全部清空，所以才衍生出啤酒节活动，让大家一起把啤酒喝干。清啤原本是夏天消暑解渴的饮料，但为了延长保存期限，酒精浓度通常都会调得比较高。

BREWERY

MokuMoku 当地啤酒

【モクモクじビール】

由位于三重县伊贺市“伊贺之里 MokuMoku 手作农场”内的酒厂制作的当地啤酒。源自当地啤酒解禁翌年的 1995 年，Moku Moku 是日本东海地区成立的第一间当地啤酒作坊。特别推荐大麦酒（バーレーワイン酵母ビール）及在附近作坊制作并使用了当地产麦芽的拉格啤酒（Seven Hop Lager）。

〒518-1392 三重县伊贺市西汤舟 609
TEL：0595-43-0909
http://www.moku-moku.com/monodukuri/beer.html

BREWERY

门司港当地啤酒作坊

【もじこうじビールこうぼう】

门司港当地啤酒作坊，是老板在美国塔科马市一个可眺望港口的街角喝啤酒时，大受当地啤酒的滋味感动后而诞生的。当时，他萌生一种想法：“我想在充满古典气息的故乡街头，像这样一边欣赏在港口进出的船只，一边享受好喝的当地啤酒。”于是他便创立了这间酿酒作坊。由于这里一次只会酿出 1500 升少量啤酒，所以顾客随时都能尝到最新鲜的滋味。推出的商品有正统派的小麦啤酒、淡色艾尔啤酒，以及仿昭和初期当地啤酒而酿造的“门司港驿啤酒”等等。

“门司港驿啤酒”属于拉格啤酒，使用两种焦糖麦芽，可以在麦芽香气中充分感受到大量啤酒花酿出的醇苦风味。据说昭和初期的啤酒会添加大量啤酒花，以提高防腐作用。偏好啤酒花风味的人，肯定对它爱不释手。

〒801-0853 福冈县北九州市门司区东港町 6-9 宗文堂大楼
TEL：093-321-6885
http://mojibeer.ntf.ne.jp

森鸥外 /1862～1922【もりおうがい】

森鸥外是明治、大正时代的日本小说家兼军医。1884 年，他为了研究卫生制度而远赴德国留学，从他写下的旅居记录《独逸日记》中可以得知，他在这期间充分体会到了啤酒的美味。例如他在某一篇日记里提到，德国医学院的同学当中，有人可以一次喝下 25 大杯的啤酒，但自己顶多只能喝掉 3 杯。鸥外震惊于对方的实力，却又不太甘心。此外，记录中也描述了他 10 月时刚好在慕尼黑，趁机参加啤酒节活动的愉快情景。

麦芽【モルト malt】

麦芽是用大麦（多为二棱大麦）制成的啤酒之主原料。在制造麦芽时，首先要将大麦泡入水中吸收氧气，使其发芽，接着再将它放入发芽装置，促进发芽的速度，让蛋白质和糖类分解，长成“绿麦芽”，最后再用焙燥阻止麦芽继续成长，至此才算制成作原料用的麦芽。由于工程较为繁复，所以一般啤酒厂都会使用已经制麦、烘焙完成的麦芽，不过有些酒厂也会设置焙燥与烘焙设施，自行制麦。制麦可以产生酵素，帮助大麦所含的淀粉顺利糖化。根据大麦的种类与焙燥、烘焙的方式，麦芽可分为图示几种类型。而麦芽根据种类又可以制造出饼干、焦糖、坚果、咖啡、巧克力等各式各样的风味。酿酒师会依酿造的啤酒风格，决定麦芽的种类和分量，有时也会选用未经制麦工程的大麦，或是大麦芽以外的麦芽。

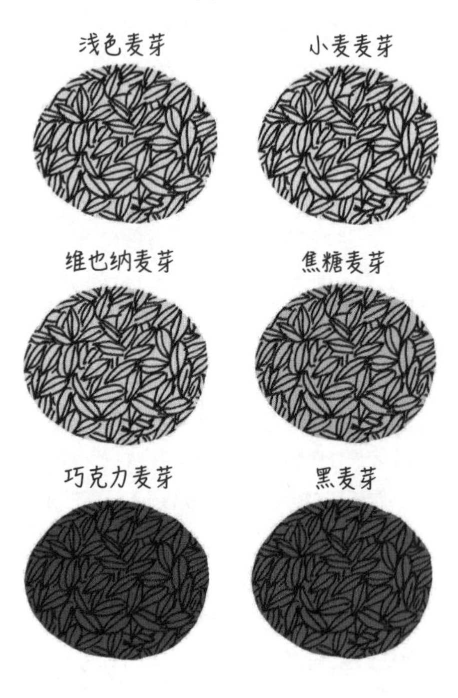

麦芽醋【モルトビネガー malt vinegar】

英国人在吃下酒菜炸鱼薯条时必备的传统醋。让麦芽制成的艾尔啤酒继续发酵就能酿成这种麦芽醋，风味比一般的谷物醋更温醇，很适合搭配沾裹啤酒面衣炸成的鱼肉，也可以用于沙拉和西式腌菜。

麦芽酒【モルトリカー malt liquor】

麦芽酒是常见于美国的酒类，根据法律规定，它是使用麦芽酿造、酒精浓度在5%以上的啤酒。市面上绝大多数麦芽酒都是用大量的米、玉米、酿造用的糖类谷物来提高酒精浓度。大部分麦芽酒的酒精浓度为6%～9%，而且鲜少添加啤酒花。由于麦芽酒的原料成本较低，所以不少人会把它贬为“买醉用”的便宜啤酒。

一码啤酒

【ヤードオブエール yard of ale】

码是美国和英国使用的长度单位，大约为91厘米。一码啤酒是用长达1码的细长啤酒杯装盛的啤酒，据说这是发源自英国的喝法。杯子细长，从状似球根的杯底一路往上形成喇叭一般的广大杯口，容量多达2.5品脱（约1.4升），非常容易打破。

烤鸡肉串【やきとり】

烤鸡肉串非常适合配啤酒。以前的日本没有吃肉的习惯，直到幕末至明治时代传入西洋文化，加上战后经济高速发展，民众才普遍开始吃肉。日本现在常见的烤鸡肉串起源于第二次世界大战战败后的黑市，之后才逐渐推广至全国。用酱汁或盐烤成的香喷喷肉串配上口感清爽的日本拉格啤酒，让海外人士也纷纷迷上它的美味。

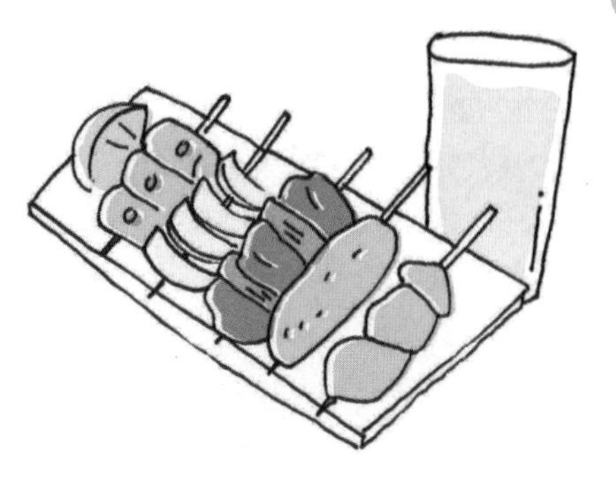

野生酵母【やせいこうぼ】

野生酵母是存在于空气、植物、土壤等自然界物质中的酵母。现代的啤酒酿造工程中 多半使用培养酵母，不过有些啤酒也会采用野生酵母，制造出与众不同的风味（P.179“拉比克啤酒”）。

BREWERY

Yo-Ho Brewing Company【ヤッホーブルーイング】●

位于长野县轻井泽町的啤酒制造商，创业于 1997 年，产品为只使用浅间山系硬水酿造的艾尔啤酒。旗下有“YONA YONA ALE”“星期三的猫”“印度青鬼”等名称逗趣的招牌商品，在超市和便利商店都能轻松买到。顾客可以在“YONA YONA BEER WORKS”位于东京的 7 间店铺里享用美味的料理，并搭配 Yo-Ho Brewing Company 的桶装生啤酒。

ⓘ 〒389-0111 长野县轻井泽町长仓 148
TEL：0267-66-1211

山冈酒店【やまおかさけてん】

山冈酒店位于京都市西阵地区，店门口摆满各种蔬菜和米，乍看之下还以为是家蔬果店，不过只要往里踏进一步，就可以看到成排的一升瓶，以及巨大冰箱里琳琅满目的啤酒瓶。这家小店伫立在京都街头，店内随时备有多达 150 种的日本当地啤酒，是日本规模最大的当地啤酒经销商。山冈酒店创立于昭和初期，现任第三代店长山冈茂和在 2000 年继承家业，2002 年才开始经营当地啤酒业务。据说山冈店长原本的专长是清酒，直到在大学时代遇到喜爱的当地啤酒之前，他其实都并不喜欢喝啤酒。他笑着说起自己后来因为痴迷啤酒和清酒，成了一个“超级败家的学生”。只要向山冈询问关于店内贩卖的啤酒，他都愿意亲切地回答。而且，只要参加店里每个月举办的“当地啤酒会”，就能试喝各式各样的当地啤酒，听店长讲解每一款啤酒背后的故事。其实，京都第一次举办的“当地啤酒祭”就是由山冈店长一手策划的。他总是精力充沛，非常重视地域性、个性，以及小公司应做的努力。

由于机会难得，所以我们啤酒小词典团队参加了 2015 年 2 月举办的“当地啤酒会”。这次的主题是冬季啤酒，我们以酒精浓度较高的温热黑啤酒为主，试喝了约 10 种国产精酿啤酒。在这场美好的盛宴上，与会者尽情沉浸于老板娘亲手做的美味料理和暖炉的热气中，在微醺里倾听店长诉说的各种啤酒逸事，以及推荐的饮用方法。

ⓘ 〒602-8475 京都府京都市上京区千本通上立売下
牡丹鉾町 555
TEL：075-461-4772

BREWERY

云岭酒厂

【ユングリング D.G. Yuengling & Son】

美国现存最古老的啤酒厂，设立于 1829 年，总部位于美国宾夕法尼亚州。从德国迁至宾州一座名为波茨维尔的煤炭小镇后，云岭酒厂便以矿工为主要客群，开始酿造清爽顺口的拉格啤酒。在美国全土实施禁酒令翌年，云岭转型生产酒精浓度 0.5% 的无醇啤酒，同时也投入乳制品产业，借此撑过了严峻的时期。据说在 1933 年禁酒令废除后，云岭酒厂还特地送了一卡车啤酒给白宫以表达感谢之意。在美国拥有顶尖人气的云岭招牌商品是一款名为传统拉格的琥珀拉格啤酒，特色是有焦糖麦芽甜而不腻的风味。在小型啤酒厂日渐增设的现代，云岭酒厂不只持续守护着近 200 年的历史，同时也在不断改革创新。

STYLE

淡啤酒【ライトビール light beer】

淡啤酒的热量、酒精浓度都比一般啤酒要低，特别是在拥有肥胖社会问题的美国，市面上经常可以看到各种淡啤酒商品。在减肥风潮兴盛的日本也推出了不少以发泡酒为主的低卡路里、低糖类啤酒，或是啤酒风味饮料。这种啤酒通常是将酿好的啤酒加水稀释，或在酿造过程中使用特殊酵母降低酒精浓度而制成的。

制品包装【ようきづめ】

啤酒出货前的最后一道工程就是制品包装。啤酒要装入酒桶或瓶罐才能上市，不过在这之前，必须先检查容器是否有异常，确实洗净后才能填装啤酒。如果是装瓶，为了防止啤酒氧化，会先在瓶中注入二氧化碳，挤掉多余的空气，然后在加压状态下注入啤酒。装罐则需要分别设置容器与罐盖，先在罐内注入啤酒，接着在充入二氧化碳的同时瞬间封紧罐盖。两者都会尽量避免啤酒接触空气，迅速且卫生地填装啤酒。

裸麦【ライむぎ】

裸麦又称作“黑麦”，是禾本科谷物，可以用来酿造啤酒。美国的精酿啤酒师会酿造印度淡色艾尔风格的裸麦啤酒，酿出的成品就是“裸麦 IPA”。有些啤酒会使用 50% 以上的裸麦酿造，德国称之为黑麦啤酒（Roggenbier），俄罗斯则会用裸麦酿成低酒精饮料“格瓦斯”（P. 72）。

STYLE

德国烟熏啤酒

【ラオホビール Rauchbier】

Rauchbier 是德语，意即“烟熏啤酒”，是 15 世纪左右出现的古老德国啤酒风格。这种啤酒使用的绿麦芽是放在榉木烧出的火焰上干燥、烟熏而成的，又可分为以清啤、淡色啤酒、勃克为基底的下发酵烟熏啤酒，以及用小麦啤酒为基底的上发酵烟熏啤酒。据说它起源于一场火灾，酿酒师在火场发现烧焦的麦芽，生怕浪费，便试着用来酿造啤酒，没想到却意外的好喝，于是就诞生了这款富有烟熏风味、后劲又强的啤酒。

拉格啤酒【ラガー lager】

拉格啤酒就是下发酵啤酒（P. 55“下发酵”）。Lager 在德语中意为“贮藏”，因为需要低温长时间发酵而得名。原本是来自德国巴伐利亚的风格。日本各大厂生产的啤酒皆以拉格为主，世界各地的主流商品也都是拉格啤酒。

标签【ラベル label】

19 世纪后半以后，酒精饮料才开始装瓶贩卖，因此啤酒瓶身的标签贴纸也是直到最近才有的。19 世纪后，自家酿酒的习惯逐渐式微，随着啤酒开始量产，铁道和道路愈加发达，啤酒的出货范围越来越广，这使得酿酒师察觉到品牌化的重要性。啤酒卷标不只是用来展现商品本身的传统和质量，也必须顾及时下潮流，所以要走出不同于葡萄酒和蒸馏酒的帅气风格。不论是印有古典字体的复古卷标，还是近年精酿啤酒师的新奇设计，都充分展现出各个时代特有的趣味。

1889 年以后的各种标签

浸泡器【ランドル randall】

浸泡器是饮用前先冲入啤酒用以增添风味的过滤装置。第一台浸泡器由美国的角鲨头酿酒厂（Dogfish Head Brewery）发明，此外还有各种不同的造型。用法是直接将其接在啤酒龙头上，添加的素材以啤酒花为主，也可以使用其他香草或水果。在喝啤酒时现场调制即可做出最新鲜的风味。

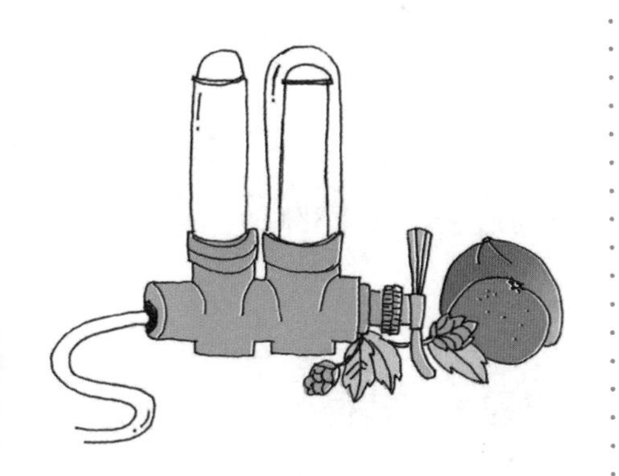

真艾尔啤酒【リアルエール real ale】

按照英国传统制法酿造的艾尔啤酒。这是为了与工厂量产的艾尔啤酒区别，在 1971 年发起的“真艾尔运动”（Campaign for Real Ale，CAMRA）中确立的名称。一般的艾尔啤酒会在发酵后移至熟成用的金属大桶中，但真艾尔啤酒是移入原木桶，个别进行桶内加工，且在移装过程中不会进行过滤和加热处理，因此可以完整保留啤酒的鲜味成分。

STYLE

拉比克啤酒【ランビック lambic】

产自比利时布鲁塞尔一带的自然发酵啤酒。其使用的并非培养酵母，而是生长在啤酒桶与谐纳河谷的野生酵母，所以正宗的拉比克啤酒只产自帕约特兰德地区和谐纳河沿岸。碳酸较少的拉比克啤酒以小麦为原料，带有些许果香，但最大的特色还是野生酵母和细菌生成的酸味，最长需要花费 3 年才能酿成。另外还有以拉比克为基底，使用混合手法调成的黑糖啤酒、樱桃啤酒与混酿啤酒。

列支敦士登

【リヒテンシュタイン Liechtenstein】

位于瑞士和奥地利之间的世界第六小国列支敦士登，面积只有160 平方公里，人口约 3.7 万人。其实，该国首都瓦杜兹有一座城堡，王室每年 8 月 15 日都会在城堡的庭园里举办一场啤酒兼轻食派对，招待“全体国民”，着实令人羡慕。这里的主要产业是观光和假牙出口，虽然国土很小，却也设有两座酿造各种形式啤酒的酿造厂。

料理【りょうり】

葡萄酒和清酒普遍可以入菜，其实啤酒也能为料理营造出意想不到的美妙滋味。在面包、油炸用面衣料、炖煮料理、汤品里加啤酒的话，风味会更醇郁，用来腌肉还能使肉质更软嫩，是非常实用的料理帮手。啤酒炖青口或其他贝类更是简单可口，配上面包就是完美的一餐兼下酒菜了。啤酒入菜可以让家常菜变得更豪华，有空不妨试试看。

路易・巴斯德/1822～1895

【ルイ・パスツール Louis Pasteur】

法国化学家、微生物学家。他最著名的事迹是开发出啤酒“三大发明”（P.79）之一——巴氏消毒法（低温杀菌法）。此外，他还证明了微生物造成“发酵”的原理、提出细菌论（传染病是由微生物引起的学说）、发明疫苗，贡献非常大。

根汁啤酒【ルートビア root beer】

英语的意思是“根啤”，传统上是用樟科木属植物的根部和树皮制成的甜味饮料。源自移民美国的欧洲人用美国原住民使用过的檫木树根来酿造啤酒。根汁啤酒的做法有很多，直到 1876 年，一位名叫查尔斯·埃尔默·赫尔斯（Charles Elmer Hires）的美国药剂师才首度将其商品化。由于他秉持禁酒主义，所以将自己制作的这款无酒精饮料称为“root tea”，但为了推销给煤炭矿工，便以“root beer”的名义上市。后来研究发现檫木内含的黄樟素有毒，所以现在已禁止使用，如今根汁啤酒都是用人工擦木香料制成的。由于有股特殊风味，在消费者之间评价非常两极，不过在美国路边餐馆供应的“飘浮根汁啤酒”，一旦喝上瘾就会让人无比怀念。

蛇麻素【ルプリン lupulin】

蛇麻种子的拉丁语名称是“lupulus”，意即“小狼”，其球花中的黄色粉状树脂称作 lupulin，正是啤酒苦味成分的来源（P.162“啤酒花”）。

列文虎克 /1632~1723

【レーウェンフック Leeuwenhoek】

全名是安东尼·菲利普斯·范·列文虎克（Antonie Philips van Leeuwenhoek），荷兰科学家，世界第一位微生物学家，也是著名的“微生物学之父”。他用自己制作的显微镜发现了许多微生物，第一个看见酵母本体的人就是他。附带一提，虎克也是画家约翰尼斯·维梅尔（Johannes Vermeer）的作品《天文学家》与《地理学家》的模特。

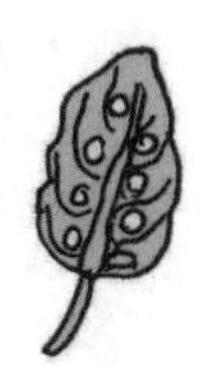

STYLE

红艾尔啤酒【レッドエール red ale】

过滤【ろか】

过滤可以去除酵母和酿造过程中生成的浑浊物质，是酿啤酒时非常重要的制造工序。以前使用的过滤工具是筛子和布，但因孔洞过大，所以啤酒仍相当浑浊。现代改用澄清剂，或是用孔洞细致的滤网进行过滤。早些年大家普遍认为过滤干净、完全透明清澈的啤酒才是最好的，不过自从掀起精酿啤酒风潮后，大众对无过滤啤酒已经改观，产品也逐渐增多。

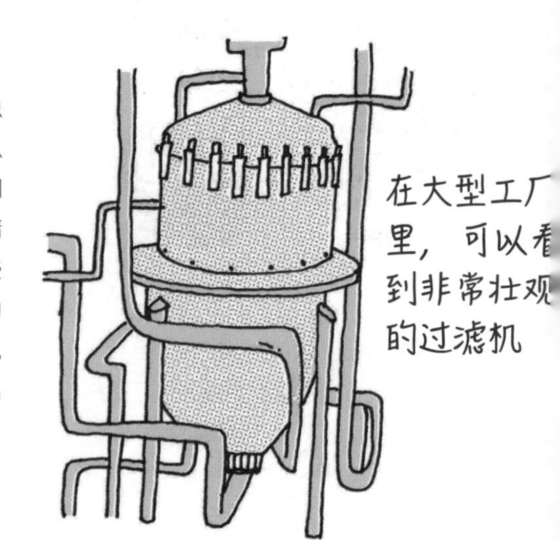

伦敦啤酒洪灾【ロンドンビールこうずい】

这起罕见的事故发生于 1814 年 10 月 17 日，位于伦敦圣吉尔斯教区的缪克斯啤酒厂内所储藏的啤酒桶因骨牌效应连续破裂，导致 147 万升啤酒涌进厂外街道。结果造成两栋民宅遭到啤酒海浪侵袭而全毁，9 名市民溺毙，或被压死，或因急性酒精中毒而死亡。真是一场宛如恶梦的真实事件。

背老婆比赛

【ワイフ·キャリイング wife carrying】

背老婆比赛发源自芬兰，是每年都会举行的障碍赛（芬兰语称之为“eukonkanto”），冠军可以获得和老婆体重等量的啤酒。这项比赛的确切起源不明，据说是来自古代芬兰乡村年轻男子抢夺心仪女子回家结婚的风俗。虽然这比赛看起来很胡闹，但参赛者全都异常认真。在世界各地举办的背老婆比赛中，“背老婆”的方式也各有千秋，其中最厉害的是“爱沙尼亚式”的背法。

万瓶寺【ワットパーマハーチェディーゲーオ Wat Pa Maha Chedi Kaew】

万瓶寺位于泰国的西萨菊省，是用 150 万支啤酒瓶建造的寺庙。1984 年，一群僧侣因为受够了游客随地乱扔瓶子，想向市民倡导资源回收的重要性，便收集这些瓶子建造寺庙。这座寺庙主要是用喜力的绿色瓶子以及泰国象牌啤酒的茶色瓶子建成，除了本堂之外，火葬场、水塔、厕所也都一应俱全。现在那里依旧持续收集瓶子，不断扩建中。这座闪闪发亮的绿色寺院，可以说是当代的环保杰作。

在家享受美味啤酒

在店里喝酒固然舒畅，不过偶尔也会想赖在家里不出门。这种时候，有什么在家就能享受美味啤酒的实用小技巧呢？

倒进玻璃杯里饮用

基本上，包装好的啤酒要倒入玻璃杯里才会更好喝。

重点是欣赏啤酒的色泽和泡沫，用视觉享受啤酒。只要多做这个动作，啤酒的美味就会瞬间升级。直接就着瓶口喝啤酒，不仅香气不明显，碳酸也会变得更刺激，导致喝不出啤酒原本的风味，且根本就没有美丽的泡沫可言。用玻璃杯喝啤酒才能缓和碳酸的刺激性，更容易品尝到啤酒的风味。当然，从瓶口倒出的啤酒堆成的细致泡沫，也是喝啤酒的乐趣之一，倒出绵密的泡沫，啤酒才会香气四溢。

选用适合啤酒种类的玻璃杯

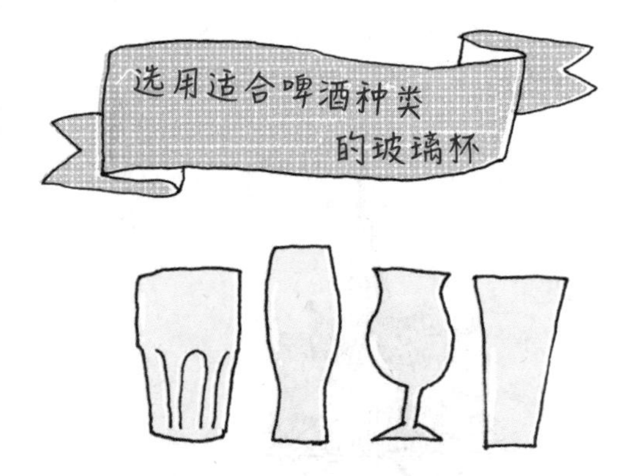

啤酒适用的玻璃杯因形式而异（P. 66“玻璃酒杯”）。尤其是喝进口啤酒和精酿啤酒时，最好按照啤酒的类型选择酒杯。

选用干净的酒杯

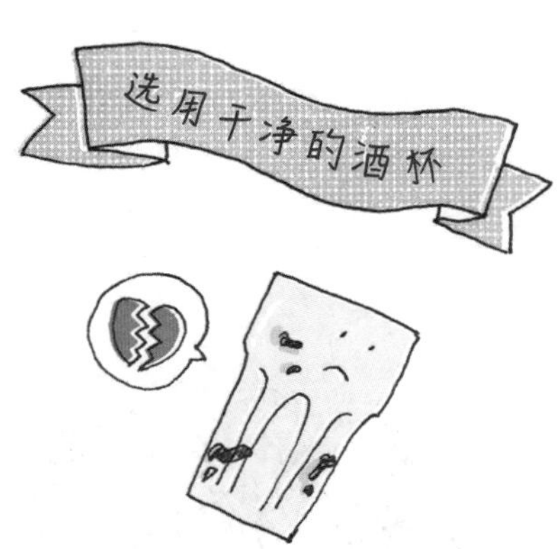

玻璃杯上要是有残留的油污、饮料垢和灰尘，就无法倒出细致柔滑的啤酒头，甚至还会影响到啤酒风味。别用布擦拭啤酒杯，直接晾干即可。

不同的啤酒风格有不同的适饮温度，无法一概而论，不过大多数啤酒的适温都在 6℃～8℃。要小心，温度过低就不易感受到啤酒的风味和香气。

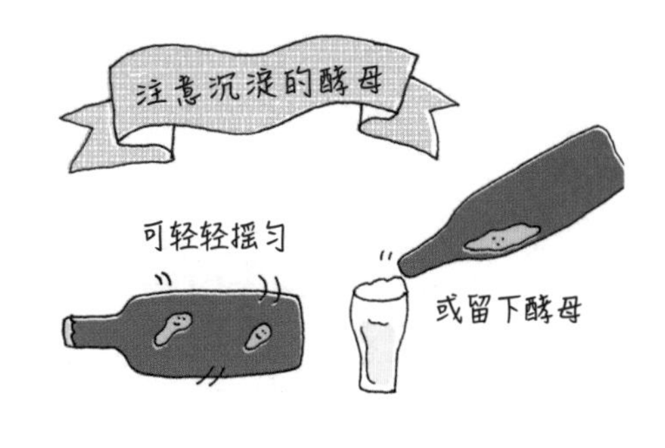

喝添加酵母的无过滤瓶装啤酒时，喝法会因种类和个人喜好而异，可以轻轻转动瓶身摇匀，也可以让沉淀的酵母留在瓶内、避免倒出，购买时可直接请教店员饮用的方法。

啤酒的倒法和泡沫的厚度，同样会因啤酒种类而有微妙的差异。在日本，啤酒液体和泡沫的比例在 7：3～8：2 之间，视觉效果最好、最赏心悦目。如果想倒出最好喝的样子，可以使用分 3 次倒入的方式。附带一提，这个方法是从德国和捷克传来的。

分 3 次倒入啤酒

①先从高处开始慢慢倒出啤酒，接着要越倒越快，让泡沫堆积起来。
②等到已经倒出丰富稳定的泡沫，且液体和泡沫比例为 1：1 时，再将瓶口移到杯沿慢慢注入，直到泡沫超出杯沿 1 厘米。
③最后，持续缓慢地倒满啤酒，待泡沫已超出杯沿 1.5～2 厘米高，即大功告成！

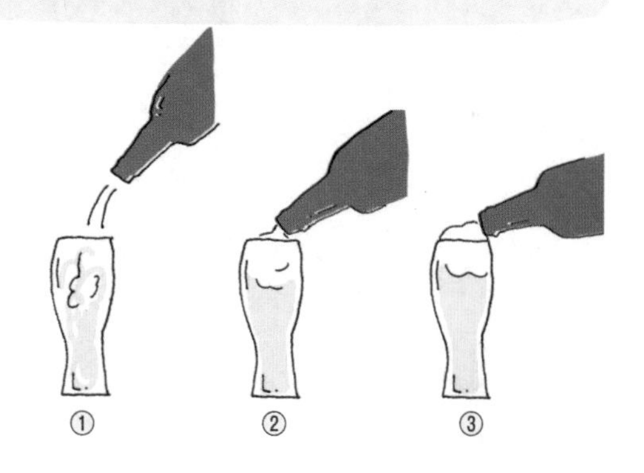

便利商店
不只是东京都内，现在全日本许多便利商店都会销售精酿啤酒。当地超市没有贩卖的品牌可能反而会出现在便利商店的货架上。

超市
超市内贩卖大厂的新商品和经典商品，还有手头紧时也能购买的便宜发泡酒和第三、第四类啤酒，种类应有尽有。有些超市还会贩卖热门精酿啤酒。

进口食品店
这里不只有丰富的海外主流商品，通常也会贩卖日本各地的精酿啤酒。

百货公司
除了日本大厂的啤酒商品、精酿啤酒商品以外，还能找到正统的修道院啤酒，或其他行家才懂的珍品。

酒屋
品项因店家而异，不过在主打精酿啤酒的店铺或大型连锁店，种类都很丰富。

网络商店
现在很多啤酒厂都会开设网络直营商店，不妨试着搜寻一下自己感兴趣的酒厂网站。此外，啤酒专卖店的网站也是方便的购买渠道。

参考文献

日语类

《世界啤酒大全》（世界ビール大全，迈克尔 · 杰克逊，金坂留美子、诗 Bryce 译，山海堂，1996 年）
《麦酒传来》（麦酒伝来，村上满，中央公论新社，2017 年）
《啤酒和日本人》（ビールと日本人，麒麟啤酒公司编，河出书房新社，1988 年）
《美味的微生物》（おいしい微生物たち，野尾正昭，集英社，1988 年）
《比利时美食物语》（ベルギーグルメ物語，相原恭子，主妇之友出版社，1997 年）
《日本啤酒的趣味历史》（日本のビール 面白ヒストリー，端田晶，小学馆，2014 年）
《藤原 HIROYUKI 的啤酒手册》（藤原ヒロユキの BEER HANDBOOK，藤原 HIROYUKI，Stereo Sound 出版社，2015 年）
《啤酒图鉴》（ビールの図鑑，日本啤酒文化研究 · 日本啤酒记者协会，Mynavi 株式会社）
《本地啤酒物语》（地ビール物語，增山邦英，日本时报新闻社，1995 年）
《德国本地啤酒的梦幻之旅》（ドイツ地ビール夢の旅，相原恭子，东京书籍出版社，1996 年）
《美国本地啤酒之旅》（アメリカ地ビールの旅，斯蒂芬 · 莫里斯，佐藤盛男译，晶文社，1995 年）
《世界各地的啤酒》（世界のビール，朝日新闻东京事业开发室，朝日新闻社，1979 年）
《角川外来语词典》（角川外来語辞典，荒川惣兵卫，角川书店，1977 年）
《枻 Mook 发现日本别册 · 日本精酿啤酒》（エイムック 別冊 Discover Japan ニッポンのクラフトビール，发现日本编辑部，枻出版社，2015 年）

英语类

《啤酒：真正的啤酒罐收藏》（*Beer: A Genuine Collection of Cans*, 丹 · 贝克、朗斯 · 威尔逊，编年史出版社，2011 年）
《日本精酿啤酒：简明指南》（*Craft Beer in Japan: The Essential Guide*，马克 · 梅里，布莱特威传媒，2013 年）
《国家地理药用植物导览：世界最有疗效的植物》（*National Geographic Guide to Medicinal Herbs: The World's Most Effective Healing Plants*，戴维 · 基佛，丽贝卡 · 约翰逊，斯蒂文 · 福斯特，国家地理杂志，2012 年）

后记

在我还小的时候，我家晚餐的餐桌上经常出现瓶装啤酒。父亲喝着酒，陪他喝两杯的母亲一醉就会笑。金色的美丽啤酒带着蓬松柔软的泡沫，看起来好像很好喝，而且喝了好像会很开心，于是我便央求父亲："你好偏心！分给我喝！"

但父亲却说："你还小，会觉得很难喝的。"

我第一次真心觉得啤酒好喝，是直到很久以后在纽约留学的那段时期。我在打工的日本料理居酒屋喝到的日本啤酒非常好喝，抚慰了我的思乡之情。于是我便开始在城市里穿行，享受自由探索各式啤酒的乐趣，每每发现新奇的啤酒和酒吧，都会乐不可支。虽然我只要兴致一来就喝个没完，但依然能够感受到啤酒背后的人文精神和丰沛的能量。啤酒就是如此有底蕴的饮料。

回到久违的日本后，我发现这里似乎也很盛行精酿啤酒。我在日本同样到处寻找好喝、有趣的啤酒，其间偶然得到撰写这本书的机会，才得以完全沉浸于啤酒深奥的世界里。

知道得越多，我的啤酒观就越向外拓展。若是没有大家的协助，我恐怕无法完成这本书。感谢邀请我写书的诚文堂新光社根岸小姐、负责监修的濑尾小姐、总是冷静配合我的设计师大贯小姐、众多热心提供帮助的啤酒业界人士，以及为我打气的朋友和家人。另外还

要特别感谢已逝的父亲，是他培养了我一颗喜爱流浪的心，教我懂得何谓发现的喜悦。

倘若各位能通过这本书多了解一点啤酒的世界，那就是我最大的荣幸。希望大家都能因此外出探索，找到自己专属的啤酒。

深表感激。

丽丝·惠实

图书在版编目（CIP）数据

啤酒小词典 /（日）丽丝·惠实著；（日）濑尾裕树子监修；陈圣怡译. —杭州：浙江大学出版社，2021.8

ISBN 978-7-308-21633-3

Ⅰ. ①啤… Ⅱ. ①丽… ②濑… ③陈… Ⅲ. ①啤酒—辞典 Ⅳ. ①TS262.5-61

中国版本图书馆CIP数据核字（2021）第152362号

啤酒小词典

［日］丽丝·惠实 著 ［日］濑尾裕树子 监修 陈圣怡 译

责任编辑 周红聪
责任校对 董齐琪
装帧设计 周伟伟
排版设计 大贯茜
插图绘制 丽丝·惠实
协助编辑 根岸绢绘 植木AKIKO 大贯茜
摄　　影 小名木 光贵（p.81，p.152）大贯茜（p.97）
丽丝·惠实（p.144） 中山庆（pp.160-161）
出版发行 浙江大学出版社
（杭州天目山路148号 邮政编码310007）
（网址：http:// www.zjupress.com）
排　　版 北京楠竹文化发展有限公司
印　　刷 北京中科印刷有限公司
开　　本 880mm×1230mm 1/32
印　　张 6.25
字　　数 152千
版 印 次 2021年8月第1版 2021年8月第1次印刷
书　　号 ISBN 978-7-308-21633-3
定　　价 69.00元

浙江大学出版社市场运营中心联系方式：（0571）88925591；http://zjdxcbs.tmall.com

浙江省版权局著作权合同登记图字：11-2021-172 号